变电站一次设备检修与试验“运检合一”培训教材

主　编　韩中杰

副主编　周　迅　蔡宏飞　石惠承　周　刚

中国电力出版社
CHINA ELECTRIC POWER PRESS

内 容 提 要

“运检合一”这种在传统模式上进行了创新和改革之后的新模式，能够优化业务，实现“安全、优质、高效”的运检管理。相比于传统运维一体的模式，“运检合一”创新模式克服了原有模式在生产效益提升方面的不充分性，使得运维、检修两个专业在所属部门的联系更加紧密，打破了组织关系和个人技能要求等方面的壁垒，挖掘了人员潜力，发挥了不同专业的优势，从而达到优化人力资源调配，释放人力资源的目标。“运检合一”是在运维一体基础上的发展和创新。

全书共 8 章，包括概述、变压器、断路器、互感器、隔离开关、避雷器、变电站检修与试验“运检合一”案例和变电站检修与试验“运检合一”未来发展。

本书知识面广，实用性较强，不仅可以作为变电设备运行人员、检修试验人员和专业管理人员的培训教材，还可以作为电力工程类大中专院校现场技能学习参考用书。

图书在版编目（CIP）数据

变电站一次设备检修与试验“运检合一”培训教材 / 韩中杰主编．—北京：中国电力出版社，2020.12（2022.11 重印）

ISBN 978-7-5198-4823-1

Ⅰ. ①变… Ⅱ. ①韩… Ⅲ. ①变电所–一次设备–设备检修–技术培训–教材②变电所–一次设备–电工试验–技术培训–教材 Ⅳ. ①TM63

中国版本图书馆 CIP 数据核字（2020）第 254105 号

出版发行：中国电力出版社
地　　址：北京市东城区北京站西街 19 号（邮政编码 100005）
网　　址：http://www.cepp.sgcc.com.cn
责任编辑：邓慧都
责任校对：黄　蓓　马　宁
装帧设计：张俊霞
责任印制：石　雷

印　　刷：北京雁林吉兆印刷有限公司
版　　次：2020 年 12 月第一版
印　　次：2022 年 11 月北京第三次印刷
开　　本：787 毫米×1092 毫米　16 开本
印　　张：13
字　　数：287 千字
定　　价：65.00 元

编 写 组

主　　编　韩中杰

副 主 编　周　迅　蔡宏飞　石惠承　周　刚

参编人员　冯跃亮　蔡亚楠　牛帅杰　张思远　田烨杰

　　　　　操晨润　黄　杰　彭明法　魏泽民　汤晓石

　　　　　李传才　沈中元　卞寅飞　宋　丽　程　重

　　　　　俞　军　吴立文　王洪俭　杨　林　王　彪

　　　　　费丽强　丁建中　陈全观　孙立峰　钟鸣盛

　　　　　陈炜强　朱　迪　曹　阳　李　峰　周一飞

前言

党的十九大明确了“新时代、新征程、新任务”的新形势。电力行业也明确强调以安全质量效率效益为中心的发展目标，为进一步提升电网设备运行水平，提高运维检修效率效益，解决规模发展需求和人力资源供给的矛盾，完成生产力的飞跃，实施变电运维与变电检修专业的深度融合，采用变电运检专业“运检合一”模式已然成为运检专业发展的必然趋势。

“运检合一”这种在模式上的创新和改革能够对业务优化再造，可以在变电专业方面实现“安全、优质、高效”的运检管理。相比于传统运维一体的优化模式，“运检合一”创新模式克服了其在生产效益提升方面的不充分，使得运维、检修两个专业在所属部门的联系更加紧密，打破了组织关系、个人技能要求等壁垒，能够深度挖掘人员潜力，充分发挥不同专业的优势，进一步调动人力资源再分配，释放人力资源的“红利”，为充分发挥员工个人潜能和提高生产力创造了条件。

本书根据国家相关要求，结合行业内运检业务的现实状况，经过调研、探索、实践、论证、优化等过程，开辟出一条“节能增效”的“运检合一”之路。“运检合一”设备主人制管理模式的深入推进，能充分发掘员工个人的生产力，提升员工专业核心能力和做好团队建设。通过“运检合一”专业管理现场快速处置，实现从根源上控制隐患，保障变电站一次设备的稳定运行。

本书力求深入推进“运检合一”设备主人制，提高员工设备状态管控和专业化检修能力以及精益化运维管理水平，培养适应新时代的综合型高技能人才。

本书就变电站中主要的几类变电设备，如变压器、断路器、隔离开关、互感器、避雷器等的全寿命管理进行介绍，对各关键节点的检修、试验要点进行了详尽阐述。并结合工作实例，详细介绍“运检合一”模式下变电站一次设备全寿命管理过程，从设计可研、生产验收、日常巡视、检修试验、故障诊断等，阐述设备管理全过程。为进一步有序推进实施变电“运检合一”模式，培养“一岗多能、专业融合”人才，打破运检专业界限，推进高效运检体系建设而努力。

本书知识面较广，实用性较强，不仅可以作为变电设备运行人员、检修试验人员和专业管理人员的现场培训教材，还可以作为电力工程类大中专院校现场技能学习的参考书。

本书在编写过程中得到了来自国家电网公司系统内外运检管理技术专家、技能专家和管理人员的大力帮助和支持，特别是得到了国网浙江省电力有限公司嘉兴供电公司众多一线运检岗位作业人员的诚恳指导，在此一并表示深深的感谢。

由于经验和理论水平所限，书中难免出现疏漏和不妥之处，敬请读者批评指正。

编　者

2020 年 9 月

目录

第 1 章

概　述

1.1　检修与试验“运检合一”的实施过程

1.1.1 “运检合一”提出的背景

在“十三五”期间，电网设备依旧保持较高的增长速度，依据国家电网有限公司 2016～2020 年的计划，已经逐步建成了特高压交直流骨干网架：新增 110kV 及以上线路 40.1 万 km，与“十二五”相比，同期增长 45%，变电容量 24.7 亿 kVA，与“十二五”相比，同期增长 68%；新增 35kV 及以下配电线路 79.7 万 km，与“十二五”相比，同期增长 21%，配变容量 2.93 亿 kVA，与“十二五”相比，同期增长 28%。

设备规模的快速增长，使得电网的外部环境更加趋于复杂化，与此同时，运检作业的工作人员数量无法满足日益增长的设备规模这一现实状况引发了诸多的问题。从优化组织管理模式和合理分配人力资源这两方面来探索运行专业和检修专业的组织管理模式变革，合理分配人力资源，注重人员培养，提升人员技术水平，提高生产效率，是解决运检专业规模发展与人力资源不匹配问题的当务之急。

党的十九大明确了“新时代、新征程、新任务”的新形势，强调并制订了“以安全质量效率效益为中心”，建设国际一流能源互联网企业的目标。为进一步提升电网设备运行水平，提高运维检修效率效益，解决规模发展需求和人力资源供给的矛盾，完成生产力的飞跃，实施变电运维与变电检修专业的深度融合，采用变电运检专业“运检合一”模式已经成为运检专业发展的必然趋势。

“运检合一”这种在传统模式上进行了创新和改革之后的新模式，能够优化业务，实现“安全、优质、高效”的运检管理。相比于传统运维一体的模式，“运检合一”创新模式克服了原有模式在生产效益提升方面的不充分性，使得运维、检修两个专业在所属部门的联系更加紧密，打破了组织关系和个人技能要求等方面的壁垒，挖掘了人员潜力，发挥了不同专业的优势，从而达到优化人力资源调配，释放人力资源的目标。“运检合一”是在运维一体基础上的发展和创新。

本书根据国家相关要求，结合行业内运检业务的现实状况，从组织、班组、个人三个层面出发，经过调研、探究、实践、论证、优化等过程，最终为“节能增效”的“运检合一”之路的探索迈出坚实的一步即检修试验“运检合一”。

1.1.2 运检体系目前存在的问题

1. 电网设备增长与人力资源矛盾日趋突出

近年来，电网设备规模的快速增长与运检人力资源配置不匹配产生的矛盾日益突出。随着变电站站点的增多，业务周期过载，外协业务量逐年增长，行业内部出现了整体性、结构性的缺员。检修人员的年龄结构及后续力量配比不平衡，导致现有的检修及消缺工作的开展已不能满足规模日益增长的变电设备的需求；运维人员的结构性缺员更为严重，致使无法实现运维业务的高质、高效开展。在这样的客观条件下解决矛盾，必须充分发掘员工个人的生产力，提升员工的专业核心能力，做好员工的团队建设：一方面破除运维、检修两个专业的管理壁垒，消除业务和人员两方面的隔阂；另一方面建立一支专业化的检修队伍，提高检修业务的承载能力，保障检修业务顺利实施。

2. 运维检修业务的进一步集约化和扁平化推进受限

现有的运维、检修业务分属于两个不同的单位管辖，造成生产资源的利用效率不高、人财物的集约化程度不够；协调运维、检修两个专业就需要上升至上级管理部门，使得扁平化不足。推进集约化、扁平化的管理理念，一方面需要将运维、检修两个不同的专业合并到同一个单位，提高扁平化程度，协调运维、检修工作更加方便快捷，简化了流程，节省了时间，在项目的施工和验收上可以做到提高资源利用率；另一方面对原有的运检部和调控中心二者的专业管理进行调整，建立起一个“运检合一”的智能化生产指挥模式，即基于智能运检的生产指挥体系，完善“运检合一”体系，从而进一步提高管理的集约化、扁平化水平。

3. 运维、检修职责分离

（1）效率效益不高。传统的变电运维和变电检修两个专业分别属于变电运维室和变电检修室管辖，与此同时，变电运维室和变电检修室对运维业务和检修业务分别独立开展运作。各个检修班、各个集控站运维班的压力分散，很难集中到某个单位内部，从而促使不了内部主动对整个工作过程进行完善、提升。这不但影响到了运维检修质量的全面管控，造成了设备运检的业务链条过长的问题，使运检管理组织工作中的效率和效益损耗。在传统运维、检修专业泾渭分明的职责界限下所形成的原发性壁垒，阻碍了运维一体化和运检一体化业务推进的进程，妨碍了“运检合一”，无法合理利用本就有限的电网运维与检修资源。

（2）现场设备状态管理的不足。传统的设备状态管理，由运维和检修两个单位共同承担，客观上造成了设备状态管理的责任不够集中、状态管控不够全面、统筹度不够全局等问题。现场巡视人员对设备状态的管理仅停留在表面故障的分析，对设备的了解不够充分，缺乏对表面故障背后隐藏问题的感知，对缺陷、隐患等状态的深度分析不足。检修业务的统包，使得人员的精力分散，难以在状态管理上充分发挥专业优势，极易形成设备状态的管理真空，为设备的安全运行埋下隐患。

（3）个人潜能发挥不均衡不充分。当前运维新员工的学历、素质普遍较高，但是因为长期从事运维专项业务的局限性，除了存在与其他专业方向配合协调的问题以外，还存在着“业务能力强，技能吃不饱”的现实状况。这样的情况阻碍了员工个人能力的发挥，也使得开展挖掘新员工业务方面潜能的工作变得困难重重。如果原设备主人工作依旧把运维人员作为主体，其受限于专业纵深等客观条件，无法独立开展工作的这一先天局限就成为阻碍工作顺利完成的障碍，从本质上讲依旧是“二元”设备主人。在检修高峰时期，设备主人工作中的诸多环节仅可以安排有限的几个人，设备主人团队内部的支援机会概率变少，无法面对综合检修现场经常出现的“点多面广周期长”的情况，最终碎片化了设备主人对工程的管控，降低了综合管理效率。这样的“二元”设备主人模式，不仅无法进一步提高工作效率，还使得青年员工的工作能力无法快速提升，不利于青年员工的成长和成才，也无法为后续发展所需的人力资源进行保障。

4. 运检管理体系优化的客观需求

在我国经济快速发展的今天，城市化进程的脚步不断加快，也对保障国家安全和国家民生的电网的供电可靠性提出了更高的要求。在工作人员总体保持不变的前提下，探索出一种更为有效的方法来应对日益繁重的运维检修工作，为未来电网运检需求提供长远的规划，是亟须研究和实践的课题。新的方案从以下三点着手，可在满足运检专业发展而产生的客观需求的前提下，调整和优化运检专业体系，为运检需求提供长远的支持。

（1）充分发挥设备主人的作用，提升设备本质安全水平。

（2）充分挖掘县公司运检管理的潜力，实施设备运检管理“包干到户”，推进“地县一体”。

（3）充分增强工作人员在运检业务上的管控能力和穿透能力，用新的要求探索出新的模式来培养人才，存储技术后备。

1.1.3 “运检合一”实施必要性

传统的运检工作模式及管理方法，随着电网的发展和体制的变革难以为继，尤其是在面对大检修体系的协同需求和系统性支撑上更是显得力不从心。因此，实施“运检合一”管理，在运检管理模式上进行创新，通过创新驱动力来提高管理效率，完善各专业协同能力，优化服务资源的利用效率，提升企业效益。

通过“运检合一”的管理模式，可以对生产力进行重新评估；对生产关系重新做出规划和调整；并通过合理的方式方法把变电检修、变电运维两专业方向的人员纳入同一个工区部门的管理体系。这样在工区部门内部可以把握对增量（新进人员）调整，对存量（检修、试验人员）优化，以及对员工个人技能的培训方向，全面释放人员的工作效率，从而提高生产力。通过“运检合一”的管理模式，在个人技能层面（生产力）进行提升，在组织层面（生产关系）进行调整，从而较好地处理当前运检专业中遇到的主要问题，释放改革“红利”，对电力行业促进企业安全生产、提升管理质量效率、获得更高经济效益有很大的帮助。这既是现代企业发展的方向，也是电力行业发展的要求。

1.1.4 检修与试验的“运检合一”

分析和评估传统运检的工作模式及管理方法后重新分配人力资源，本书率先探索了变电运维和变电检修的一次检修专业和电气试验专业的“运检合一”即检修试验“运检合一”，来应对大检修体系的协同需求和系统性支撑。“运检合一”管理，是在运检工作管理模式上进行的创新。通过这种新模式，可以提高管理效率，完善各专业协同能力，优化服务资源的利用效率，提升企业效益。

检修试验“运检合一”是指对变电运维和变电检修的一次检修专业和电气试验的两个专业的生产资源重组优化，通过调整优化原有运维、检修管理模式，创建一种变电运维检修新模式，即构建以“统一运维检修设备主人”为核心的“运检合一”新体系，以实现运检专业“安全质量效率效益”为核心目标、“设备本质安全”为核心导向的综合效能提升。在深入分析当前安全生产形势下，深挖内部潜能是提升生产效率效益的必然选择。开展检修试验“运检合一”工作，要求在工作推进过程中要以稳为主，确保生产不乱、队伍不乱，相关部门和单位全力支撑配合，在推进过程中坚持“安全第一”“先立后破”，确保平稳有序地推进，结合实际情况，从实施要求、实施理念及实施途径三个步骤，稳步实现检修试验“运检合一”。

1.1.5 实施要求

检修试验“运检合一”的要求包括以下几点。

（1）严格把关过渡阶段的安全生产工作，落实变电运检专业“设备主人制”。坚持把安全生产放在首位，在新的管理要求或规章制度发布之前，不调整业务流程。落实变电运检专业“设备主人制”，就是将变电运维检修人员与变电设备进行“关联”，为变压器类、开关类、母线类、继电保护类、交直流系统类、辅助设施类等变电设备指定责任人，保证每台变电设备均有专人管理、专人负责，并实行设备动态运维与评价，提高设备可靠性。“设备主人”，就是对所辖设备、设施进行维护与管理的主要责任人，需对责任设备的安全运行、资料台账的完善、设备缺陷（异常）的整改闭环、设备反措执行的跟踪等工作负责，并做好责任设备的运行维护、状态评价及数据对比等工作。实行变电运检专业“设备主人制”，有利于充分挖掘运检管理的潜力。

（2）加强管理层和技术组人员的能力培养。在管理层上，运维、检修专业管理由原先两个部门之间的联系，下沉到两个班组之间、甚至一个运检班组的内部，这需要管理层对设备、对现场作业的拥有更好的统筹管理能力。

在技术层上，培养“一岗多能”技能人才，服务于运检班组、大一次班组的筹建；推进设备主人制，生产指挥直接指挥设备主人，加强现场安全管控，确保现场操作安全。

（3）确保重组过程中生产队伍稳定。实施前对必要性、可行性充分论证分析，对“利弊”进行充分权衡，对班组承载力及风险因素进行评估，确保生产安全与队伍稳定。在重组的过程中，有序推进和稳步实施，立足现有条件，通过实施评估、综合分析、经验总结及方案再深化，确保稳中求进。及时了解班组人员思想动态，做好人员的安抚工作。加快员工对“运检合一”新模式的了解，使其迅速完成角色的转变，处理好运维和检修不同思维造成的工作习惯差异，使得员工能够迅速转换角色投入到新的工作中来。

（4）积极谋划后续“运检合一”深化工作，着手制订操作方案。

1）“一分为二”，以稳为主，整合运维、检修业务和资源，按地理区域划分成立两个变电运检部门。

2）“专业融合”和“全电压等级设备主人统一”，提升队伍技能、下放110kV检修业务。

3）构建“变电运检中心+县公司+检修中心的成熟生产架构”和“扁平化、智能化、设备主人化、全科和专科协同化”的智能运检生产指挥体系，形成高效的基于“运检合一”的智能运检生产指挥管控体系。

（5）注重个人层面“运检合一”能力建设。在遵循建设精英型运检先锋队、确保现有班组承载力、人员技能均衡分配、确保必备岗位需求等原则的前提下，从现有班组中抽调符合条件的骨干人员组成“运检合一”相关机构的雏形，同时，为培养“一岗多能”高技能人才做好专业融合方案，培养成综合型管理人才，促进“运检合一”的持续深入推进。

（6）要充分认识变电“运检合一”的深刻内涵。各县（市）公司要充分认识变电“运检合一”的深刻内涵，明确现有的运检模式对现阶段运检任务完成的影响，重点做好本单位“运检合一”方案编制，为逐步下放110kV检修业务，推进县公司层面“运检合一”打好基础。

1.1.6 实施理念

1. 一个核心（统一“二元”设备主人）

对运维、检修试验的设备主人单位统一，实现了变电检修试验设备状态管理在单位层面的统一。

2. 一个中枢（生产指挥管控体系）

生产指挥中心的运作，融合在日常生产业务中，强化检修试验管理的过程管控、设备状态管理和生产业务指挥。

3. 三个层面（组织层面、班组层面、个人层面推进）

（1）组织层面达到两个目的：①“二元”设备主人统一到一个运检单位，即将运行、检修和试验分属两个单位完成的任务，统筹至一个单位内两个班组实现；② 实现全电压等级序列统一（地县统一）。

（2）班组和个人层面达到三个目的：① 运检专业“全科化”；② 检修专业“专科化”；③ 个人运检融合，即部分人员同时具备运维和检修两种技能。

（3）“组织层面”与“班组和个人层面”发展的程度，决定了变电“运检合一”的实施深度。运检合一“一个核心、一个中枢、三个层面”主要理念如图1－1所示。

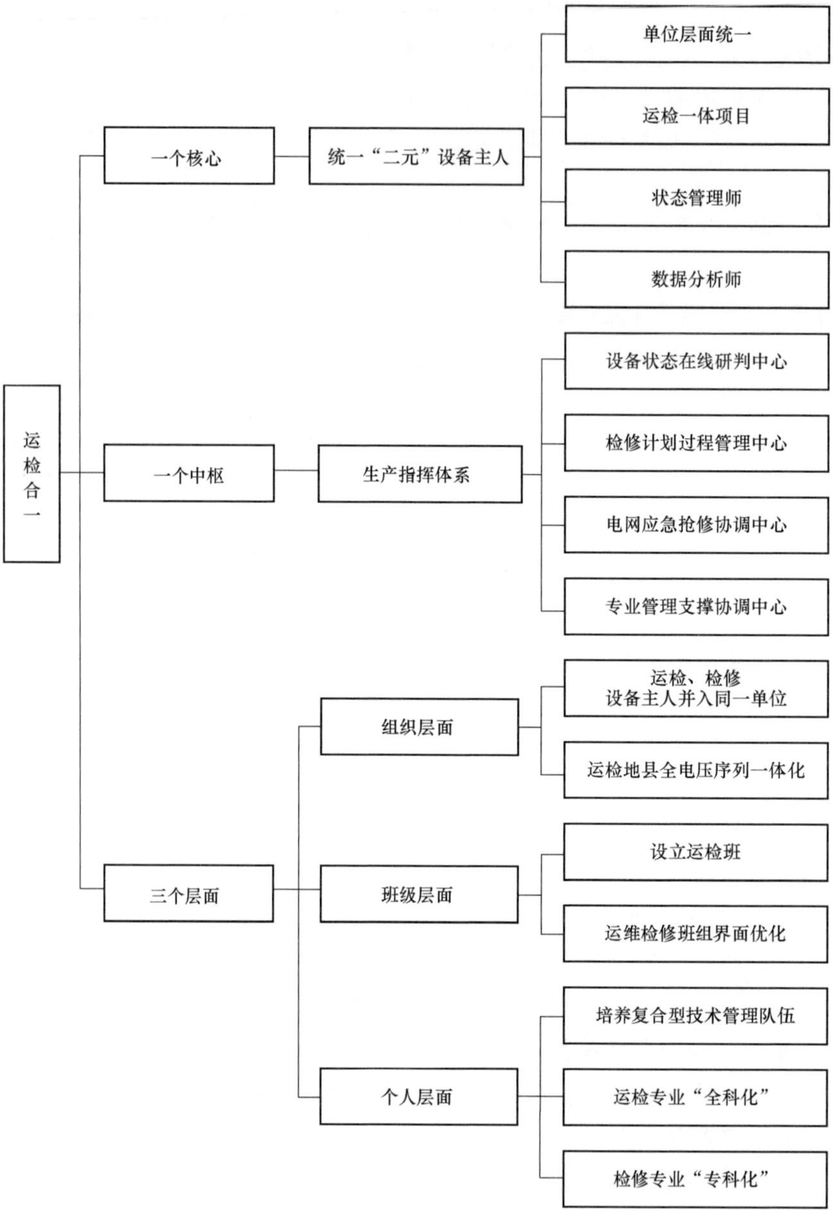

- 运检合一
  - 一个核心
    - 统一“二元”设备主人
      - 单位层面统一
      - 运检一体项目
      - 状态管理师
      - 数据分析师
  - 一个中枢
    - 生产指挥体系
      - 设备状态在线研判中心
      - 检修计划过程管理中心
      - 电网应急抢修协调中心
      - 专业管理支撑协调中心
  - 三个层面
    - 组织层面
      - 运检、检修设备主人并入同一单位
      - 运检地县全电压序列一体化
    - 班级层面
      - 设立运检班
      - 运维检修班组界面优化
    - 个人层面
      - 培养复合型技术管理队伍
      - 运检专业“全科化”
      - 检修专业“专科化”

图 1－1　运检合一“一个核心、一个中枢、三个层面”主要理念

1.1.7　实施途径

1. 发挥新设备主人优势

通过运检班的运作，做强“运检合一”设备主人，发挥新型设备主人优势（见表 1－1）。

表 1－1 “运检合一”设备主人与传统模式对比

设备主人对比	运维设备主人	检修设备主人	“运检合一”设备主人
优势	(1)分布在运维站，贴近设备； (2) 管辖站点相对固定； (3) 变电站包干至运维主人	(1) 设备检修技术技能相对全面； (2) 设备缺陷、隐患分析相对更深入	(1) 具备较全面的设备运维、检修专业技术技能； (2) 分布在各运维站，贴近设备； (3) 更全面、细致地管理设备状态； (4) 更全面、细致地监管检修质量； (5) 实施“运检一体”项目，相同的工作，更少人实施
弱项	(1) 检修技术技能和经验相对不足； (2) 专业面相对局限； (3) 个人潜能得不到充分发挥	(1) 管辖站点过多； (2) 检修业务大、小统包，专业化不够突出	(1) 对个人综合技术技能要求更高； (2) 对运维、检修、运检三个专业的关系要合理处理
评估	在统一了“二元”设备主人单位的基础上，做强“运检合一”设备主人，对设备状态管理、运检效率效益、个人技术技能提升都起到很好的作用		

2. 优化生产指挥体系

通过生产指挥体系优化，建立智能运检生产指挥中心，发挥设备运检业务管控、状态管理、应急处置优势。

3. 层层推进

组织、班组、个人层面，全电压等级序列“运检合一”，变电运检班“做强、做宽”，检修试验班组“做精、做专”，个人业务“一岗多能”、专业融合。“运检合一”新模式与传统运检模式的对比见表 1－2。

表 1－2 “运检合一”新模式与传统运检模式的对比

模式对比	运维、检修分离模式	运维一体模式	“运检合一”模式
优势	(1) 业务模式相对成熟； (2) 管理体系相对完备	(1) 缓解部分检修承载力； (2)运维人员潜能得到一定释放	(1) 统一运维、检修“二元”职责至一个运检单位； (2) 运维、检修两者业务和人员达到互通； (3) 提升个人和组织效率效益
弱项	(1) 设备状态管理职责分离； (2) 运维人员潜能发挥不充分； (3) 运维检修协调效率损耗	(1) 状态管理职责依旧分离； (2) 实施项目有限； (3)运维检修专业间通道依旧不畅	(1) 工区运检管理和个人技术技能要求更高； (2) 运检一体项目稳步推进，由少到多、由易到难
评估	将运维、检修两个专业统一纳入同一个单位管理，运维、检修设备主人统一至同一个单位，有利于设备状态的全面管理，有利于提高运维、检修两个专业的业务扁平化和协同发挥的效能		

(1) 组织层面。

1) 成立变电运检中心。原独立的变电运维室、检修室体量均较大，若简单合一，造成机构过于庞大、管理人员冗余、管理难度加大。优化整合成两个平行运检单位，既减轻管理压力，又利于两个单位相互对标、良性互动。因此，宜按地理区域均衡划分，并充分考虑抢修时间、抢修路程等因素，同时在人员规模、变电站数量上，均达到均衡。

2）成立输变电检修中心。分解检修业务，支撑主业。依托电建公司，在原有承担一定检修业务的基础上，实体化组建成立输变电检修中心，按检修体系搭建新的组织架构，强化生产理念导入，做强检修中心，支撑主业检修业务的实施。检修中心业务定位是全市变电设备运检主人单位的检修业务实施支撑机构，重点承担设备大型技改、大修、例行检修等业务。检修中心人员构成的主体组织架构依托电建公司，新设立运维检修科，人员通过企业“自聘”解决一部分来源，核心业务骨干通过主业输送一部分，专业包括站用电检修、电缆检修等。

3）实施“地县一体”110kV 检修管理职责调整。“地县一体”全电压序列“运检合一”，调整检修职责范围和职责内容，积极筹备主网检修管理人才培养，重点培训运检技术、管理流程、现场检修调试等工作。

4）生产指挥中心“强业务、优流程”。

a. 指挥中心定位。做强：一次设备状态管控、分析与运检业务过程管控。做优：生产信息响应与处置流程（包括缺陷、计划执行等）。落实指挥中心的“四个中心”职能定位：“设备状态在线研判中心、检修计划过程管控中心、电网应急抢修协调中心、专业管理支撑协同中心”。

b. 生产指挥中心主要业务。生产指挥中心主要业务包括“设备状态管理、检修计划管理、应急抢修指挥、运检专业协同”四个方面。

c. 智能运检技术应用支撑。依托一个智能运检管控平台，立足机器人、工业视频、移动作业、一键顺控等 N 个智能运检技术，统筹推进实用化工作，促进设备状态的精益化管控，促进运检管理的效率提升。

d. 融入现有生产体系。指挥中心固定人员 3 人，轮岗人员 5 人。生产业务嵌入日常生产流程，24h 实体化运作。生产指挥中心的业务运作，是对生产业务体系管理的“强化”和“优化”，进一步增强设备状态管控力、专业分析穿透力、应急处置指挥力。

（2）班组及个人层面上。“运一检”融合，成立“大一次”运检班，定位于“专科医生”。按新运检专业的“全科化”定位，承担“运检一体”项目。对包括变电站中主要的几类变电设备，变压器、断路器、隔离开关、互感器、避雷器等进行全寿命管理，对各关键节点的检修、试验要点进行严格把控。检修试验“运检合一”模式充分利用“运检合一”的优势，在整个工作周期中，运维提前介入，发挥运维、检修各自专业特点，优势互补形成“运检合一”模式，从而压缩业务链条过长，提升工作效率效益。与此同时，通过专业融合，实现个人综合技能提升，释放人力资源，提高工作效率，进一步解放劳动生产力。

此外，新模式要求统一规范标准化作业。首先，统一运维与检修工作票格式、内容等要求和习惯，消除由于专业视角和个人习惯不同而带来的工作票管理差异；其次，梳理两种工作票业务；最后，针对各自工作进行分析研究，推广出更为合理的人力资源以及物资资源的分配，提高工作效率。

单位重新编写《生产应急抢修细则》，明确应急抢修工作的处置按照“统一指挥，专业负责、班组实施”的原则开展，抢修信息按“统一口径、专业审核，条线对应”的原则进行发布。明确运维人员到达现场后，应立即检查异常等情况，并将信息汇报至缺陷专责。在检修人员未到达现场前应尽量做好抢修准备工作，收集现场照片发布至生产信息群，打开事故现场照明，打印故障报告，准备好安全工器具、安全措施设施。最后，检修人员有针对性地携带试验设备和备品备件前往现场，达到缩短故障处理时间的要求。

培养青年员工，开展“一岗多能”培训，使员工具备检修试验“运检合一”的专业技能，同时，结合“运检合一”的新模式，进一步深化专业培训内涵，打造开放式专题培训，为青年员工提供开拓视野和沟通交流的平台，探索全面提升青工核心技能的有效途径。鼓励青年员工根据个人意愿和组织意向，选择第二专业技能，并取得第二岗位资格证，为“运检合一”工作项目的开展保驾护航。其中，需要重点做好“运检合一”培训，通过对员工在运检知识、运检技术技能方面的培训，推动运检班员工的成长。

1.2 检修与试验“运检合一”的优越性

实施检修与试验“运检合一”，形成以运维专业，检修一次和试验专业的两个专业为对象的大一次专业，需优化大一次变电站检修班组配置，建立面向变电站设备保护的专业检修试验队伍，从组织机构、运检协同、队伍管理、绩效薪酬、培训竞赛等方面，理顺内部管理机制，挖掘人力资源潜力，提升设备本质安全。检修试验“运检合一”在实施成效上主要体现在以下五个方面，具体如下。

1.2.1 检修试验状态管控力增强

1. 设备状态管控主人意识更强

通过运检人员共同全过程管控检修试验工作，运维、检修人员专业技能逐渐融合，双方设备主人责任意识不断加强，强化变电设备全寿命周期管理。新模式统一了设备检修主人、运维主人职责，增强了运维、检修专业的协同性，使设备状态管控的“两面性”得到了统一，同时也在部门管理层面和现场运检人员层面均达到统一。

2. 设备缺陷隐患管控更有成效

在日常业务中，运检人员通过业务融合，灵活转换运维和检修的角色，使运维和检修业务不间断衔接。新模式消除了运维、检修职责壁垒，整合发现缺陷隐患、检修消缺双重职责，改变了以往变电运维室管发现、变电检修室负责处理，责任不集中等问题，并且合并了冗余流程，减少了循序等待、重复踏勘、重复验收等环节，提高了效率。在应急处置中，运检人员配合完成故障隔离、设备抢修、恢复送电的全过程，大幅缩短故障停电时间，显著提升供电可靠性。在缺陷管控方面，运检协同评估处理，信息得到及时传递，协调更为顺畅，处理效率明显提升。日常巡视升级为专业巡检，提高巡视的深度和精度，能更及时发现并处理设备异常，提高设备健康水平。明显扭转历年来缺陷遗留总数不断上升的趋势，达到发现数量未减少、消缺数量明显增加的目的。

3. 设备异常缺陷处置效率显著提高

生产指挥中心24h在线，每日对缺陷进行分析，“举一反三”处置潜在设备隐患，定期分析，促进“运检合一”专业化分析管理，响应速度显著提高。

1.2.2 故障应急处置能力增强

应急抢修任务产生后，生产指挥中心发挥前期研判优势，在故障前期研判、信息报送、过程管控、抢修评价等方面增强应急响应能力，提高向上级报送信息的速度。

基于设备主人意识的增强，在应急抢修指挥过程中，运维人员到达现场后，立即收集信息并进行初步判断，第一时间给应急指挥提供支撑。在故障隔离和处置方案确定的过程中，运维和检修专业人员能够安全且高效地完成对同一目标的抢修任务。只有减少了协调沟通和重复踏勘的人力消耗，才能保障抢修任务的快速完成，及时恢复送电。

1.2.3 专业化检修能力增强

在新的模式下，运维检修青年员工有义务和责任不断学习运维、变电站设备检修试验、实操训练等内容的课程，有针对性地进行理论学习与实操培训，为自己不断“充电”。同时，也可以为员工第二专业技能奠定基础。青年员工积极学习第二专业技能并取得第二岗位资格证，为单位下一步“运检合一”工作储备和“一岗多能”人才。

新的运检体系，改变了原先对外协队伍依赖性不断增强的不利趋势，建立了公司内部专业化的检修队伍——输变电检修中心，大大缓解了主业综合检修、技改大修等施工检修压力，有力地支撑了主业单位，减少主业外协力量投入，保障综合检修能力的建立和发展。

1.2.4 运检效率效益提升

1. 运维模式不断优化

在值班模式上，全面推行“2+N”值班模式，“错峰轮休、战时机动”，进一步发挥了有限人员的工作效率，提升运检效率效益。在巡视模式上，试行“差异化”巡视，在评估设备状态基础上，借助机器人、工业视频等智慧运维技术，人工、远程巡视结合，对重点关注的设备进行特殊巡视，提高巡视效率。

2. 运、检协同度提升，交界面效率损耗降低

新的“运检合一”机制下，建立更高效的运检协同模式：在计划统筹方面，每次生产会就能基本完成专业间配合工作的协调，特别是大型工程，前期开展多专业联合踏勘，检修方案共审，管理人员也能更有效的统筹人员、车辆等资源。在生产作业方面，首先，在沟通上，尤其是现场发现问题后，运检人员能够第一时间将现场情况以图片或视频的形式相互告知，便于分析问题、快速处置。其次，打破原有运检专业交界面，在工作中各进“一步”效率高。在综合检修方面，因为综合检修涉及设备较多，检修人员可以协助运维做好安全措施，操作许可时间减半。运维人员现场见证检修过程关键环节，优化验收环节，避免重复操作，运检效率将显著提升。同时实行运维深度预判、运维配检等措施，及时处理突发问题，增加有效检修时间，保障检修质量，按时停、送电。在投产验收方面，运维和检修专业联合开展投产验收，提高了验收协同性和验收效率，保障了

验收质量。运维、检修以往两个专业之间的效率损耗纳入同一单位后，明显减少。

3. 运检一体项目实施促效益

新模式运行后，经过对运检人员的技术技能培训，从而逐步实施部分运检一体的项目，这样既可以保证过渡的平稳，也减少了人力资源和物资资源的消耗，提升了经济效益和人力资源效益。

1.2.5 运检管理精益化水平提升

成立平行对标的两个运检室后，从室和班组两个层面优化绩效体系，为运检人员提供良性竞争环境。运检部组织实施月度“量化对标”和“运检质量评价”两个对标举措，明确对标导向。通过“晒指标、加减分”等方式，促进提升两个新单位的运检管理精益化水平。同时，进一步了促进整个企业、行业在运检专业工作方面的发展。

第2章

变　压　器

2.1　变压器相关知识点

2.1.1　变压器的定义

变压器在电力系统中的主要作用是电压变换，以便于传输功率。其电压经过升压变压器升压后，可以降低电能在线路上的损耗，提高电能传输的经济性，达到远距离送电的目的；而降压变压器则是把高电压转换为用户所需要的各级电压，从而满足用户使用需求。

2.1.2　变压器的分类

（1）按变压器的用途可分为电力变压器、仪用变压器（电压互感器和电流互感器）、调压变压器和特殊变压器（控制用变压器和试验用变压器）。

（2）按变压器的电源输出相数可分为单相变压器、三相变压器和多相变压器（例：整流变压器和直流输出工程中使用的换流变压器）。

（3）按变压器的绕组类型可分为双绕组变压器、三绕组变压器、多绕组变压器和自耦变压器。

（4）按变压器冷却介质不同可分为油浸式变压器、充气式变压器和干式变压器。

（5）按变压器冷却方式不同可分为油浸风冷变压器、油浸强迫油循环风冷变压器、油浸自冷式变压器、油浸强迫油循环水冷变压器和空气冷却式变压器。

（6）按变压器的调压方式不同可分为有载调压变压器和无励磁调压变压器。

（7）按变压器的铁芯型式可分为芯式变压器和壳式变压器。

（8）按变压器箱体型式可分为箱式变压器、钟罩式变压器和密封式变压器。

（9）按变压器绕组导线材料不同可分为铜导线变压器和铝导线变压器。

（10）按变压器中性点套管与出线套管的绝缘水平差别与可分为全绝缘变压器（中性点套管与出线套管的绝缘水平相同）和分级绝缘变压器（中性点套管比出线套管的绝缘水平低）。

2.1.3　变压器的基本要求

1. 变压器的主要参数

（1）变压器的额定容量：指变压器在规定条件下，通以额定电流、额定电压时，其连续运行所输送的单相或三相总的视在功率。

（2）绕组的额定电流：指变压器在其额定条件下运行时，其绕组所流过的线电流。

（3）绕组的额定电压：指变压器长时间运行时，其设计条件所规定的电压值（一般指线电压）。

（4）额定变比：指变压器各侧绕组额定电压之间的比值。

（5）绝缘水平：指变压器各侧绕组引出端所能承受的电压值。

（6）空载电流和空载损耗：指变压器施加在其中一组绕组上的额定电压，其他绕组开路时，在变压器内部所消耗的功率。由于变压器的空载电流很小，它所产生的绕组损耗可以忽略不计，所以空载损耗可被认为是变压器的铁损。

（7）负载损耗：指变压器在一次侧绕组施加电压，而将另一侧绕组短接，使电源电流达到该绕组的额定电流时，变压器从电源所消耗的有功功率。通常也被称为短路损耗。

（8）绕组联结组别号：指表明变压器两侧线电压的相位关系。

（9）容量比：指变压器各侧额定容量之间的比值。

（10）额定温升：指变压器的绕组或上层油面的温度与变压器外围空气的温度之差。

（11）额定频率；指变压器设计所依据的运行频率。

2. 变压器型号及其含义

（1）变压器型号及数字含义。

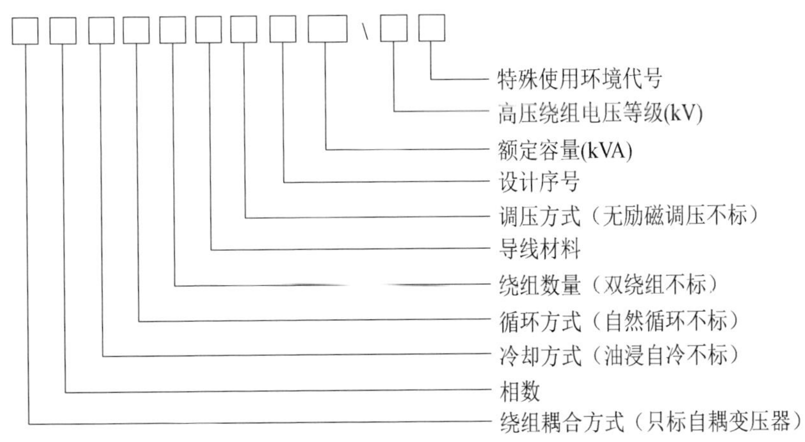

（2）变压器型号中文字释义（见表 2－1）。在变压器的铭牌上，除规定运行数据外，还有用文字符号表示的变压器信息。

表 2－1　　变压器型号的含义

含义符号	代表符号	含义符号	代表符号	含义符号	代表符号	含义符号	代表符号
单相变压器	D	风冷式	F	强迫油导循环	D	自耦变压器	O
三相变压器	S	水冷式	W	有载调压	Z	分裂变压器	F
三绕组变压器	S	强迫油循环	P	干式变压器	G	干式浇注绝缘	C

2.2 变压器设计要点

电力变压器及其附属设备应按型式、绝缘水平、附属设备、绕组电压、噪声水平、过载能力、相数、损耗、频率、励磁涌流、冷却方式、联结组别、短路阻抗、容量、调压方式、调压范围、并联运行特性、温升、中性点接地方式、特殊要求等技术条件进行选择。变压器及其附属设备应按谐波含量、海拔、最大风速、环境温度、污秽、日温差、相对湿度、系统电压波形及地震烈度等使用环境条件进行校验。在工程的最初设计时期，如遇特殊运输条件、特殊安装位置和空间限制、环境温度超出正常使用范围、特殊的工作方式或负荷周期、特殊维护问题、异常强大的核子辐射、异常振动和冲击等情况，应采取相应的保护措施，或联系制造厂家进行及时的沟通协商。

除某些特定原因外，尽量选用三相电力变压器。对于湿、热、沿海及污秽严重地区的产品，变压器外绝缘的选用应考虑相应的影响，尽量选用防污秽型、加强绝缘型的产品。因检修条件较困难、环境条件限制地区的电力变压器，应选用免维护或少维护型变压器。

变压器可根据安装位置条件，按相数、绕组型式、绝缘介质、用途、冷却方式及调压方式确定变压器类型的选用。大型变压器的选择应进行充分的技术经济论证。对大型变压器宜进行经济运行计算。变压器短路阻抗应尽量选用符合标准的标准阻抗值。应结合技术及经济性，选用高阻抗变压器。

变压器分接头尽量在星形联结绕组上、在网络电压变化最大的绕组上、在高压绕组或中压绕组上。无励磁分接开关应尽量减少分接头数目；能用无载调压的尽量不用有载调压。一般用于电压波动范围大，且电压变化频繁的场所适合用有载调压变压器；一般用于电压及频率波动范围较小的场所适合用无励磁调压变压器；自耦变压器在调压范围大，第三绕组电压不允许波动范围大时，推荐采用中压侧线端调压。采用公共绕组调压时，应验算第三绕组电压波动不超过允许值。

2.3 变压器验收要点

2.3.1 验收分类

变压器验收主要包括可研初设审查、厂内验收、到货验收、竣工（预）验收、启动

验收几个关键环节。

2.3.2 可研初设审查

1. 验收要求

(1) 应做好评审记录，报送运检部门。

(2) 审查时应按照验收内容要求执行。

(3) 审查时，变压器选型应审核是否满足反措、设备运维、电网运行等各项规定要求。

(4) 可研和初设审查阶段主要对变压器选型涉及的结构形式、技术参数进行验收、审查。

(5) 变压器可研初设审查需由变压器专业技术人员提前对可研报告、初设资料等文件审查，并提出相关意见。

2. 验收内容

(1) 参数选型验收内容。

1) 优先选用自然油循环风冷或自冷方式的变压器。

2) 根据无功电压计算，选择适当的有载/无励磁调压方式。

3) 套管爬距应依据最新版污区分布图进行外绝缘配置；户内非密封设备外绝缘与户外设备外绝缘的防污闪配置级差不宜大于一级。

4) 扩建主变压器的电压变比与运行主变压器应保持一致；主变压器各侧电压变比应符合标准参数要求。

5) 扩建主变压器的阻抗与运行主变压器阻抗应保持一致；短路阻抗不能满足短路电流控制要求，应考虑采取短路电流限制措施，如低压侧加装串联电抗器；审查短路电流计算报告，阻抗选择应满足系统短路电流控制水平。

6) 主变压器接线组别应与接入电网一致。

7) 主变压器各侧容量比应符合标准参数要求。

(2) 附属设备验收内容。

1) 采用排油注氮保护装置的变压器，本体储油柜与气体继电器间应设断流阀。

2) 变压器各侧应配置过电压保护。

3) 125MVA 容量以上变压器应配置专用消防装置。

(3) 土建部分验收内容。

1) 事故油池的设置是否合理。

2) 检修通道是否满足现场运维检修需求。

3) 运输方案是否合理，道路是否前期经过勘查。

2.3.3 厂内验收

1. 关键点见证

(1) 验收要求。

1) 关键点见证时应按照验收内容要求执行。

2）关键点见证项目包括总装配、抗短路能力、设备选材、油箱及储油柜制作、器身干燥处理、器身装配等过程。

3）制造计划和关键节点时间应提前 20 天由制造厂提交，如有变化，应提前 5 个工作日由物资部门告知运检部门。

4）关键点见证采用查阅制造厂记录、监造记录和现场见证方式。

5）对于 220kV 及以下变压器，如有必要或首次入网，应进行关键点的一项或多项验收。

（2）验收内容。

1）抗短路能力验收内容：

a. 如有必要，每批次应至少抽检一台同型号变压器，请第三方的进行突发短路抽检试验。

b. 针对本台变压器的抗短路能力计算报告与工艺文件、选材性能参数核对一致。

2）材料验收内容：

a. 产品与投标文件或技术协议中厂家、型号、规格一致。

b. 进厂验收、检验、见证记录齐全。

c. 产品具备出厂质量证书、合格证、试验报告。

d. 对电磁线电阻率、拉伸力、延伸率、屈服强度等性能参数进行抽样检查。

e. 对硅钢片单位铁耗、导磁性能、绝缘膜、厚度等性能参数进行抽样检查。

f. 对套管、散热片、蝶阀等其他组部件进行抽检。

g. 对绝缘油每批次抽检一次进行油质全项分析试验。

h. 对成型件电气强度、绝缘纸板、密度等性能进行现场抽检。

3）油箱及储油柜制作验收内容：

a. 应进行规定要求下真空度的真空密封试验。

b. 应进行一次正压密封试验，无渗漏和损伤。

c. 储油柜容量应满足容积比校核。

4）总装配验收内容：

a. 根据器身暴露的环境（温度、湿度）条件和时间，针对不同产品，按制造厂的工艺规定，必要时再入炉进行表面干燥或延长真空维持和热油循环的时间。

b. 油箱内部应无任何异物，无浮尘，无漆膜脱落，光亮，清洁。

c. 磁屏蔽安装规整，固定牢靠、绝缘良好；相应支持或悬挂件的焊接良好；电屏蔽注意焊接质量；磁屏蔽应注意厚度偏差在允许范围。

（3）异常处置。验收人员发现质量问题时，应及时告知制造厂家和物资部门，提出相应整改意见，填入“关键点见证记录”，报送运检部门。

2. 出厂验收

（1）验收要求。

1）出厂验收时应按照验收内容要求进行。

2）出厂验收内容包括变压器外观、出厂试验过程和结果。

3）试验应在相关的组、部件组装完毕后进行。

4）对关键点见证中发现的问题进行复验。

5）如设备投标技术规范书保证值高于本书建议的标准，则按技术规范书保证值执行。

6）出厂试验方案有运检部门进行审核，检查试验顺序及试验项目是否符合相应的合同要求和试验标准。

7）物资部门应提前15天，将出厂试验方案和计划提交运检部门。

（2）验收内容。

1）变压器外观验收内容：

a. 采用软连接的部位主要有平衡绕组套管之间连接部位，铁芯、夹件小套管引出端，中性点套管之间连接部位。

b. 导电回路应采用8.8级热镀锌螺栓（不含箱内）；全部紧固螺栓均应采用热镀锌螺栓，具备防松动措施。

c. 变压器主铭牌内容完整；油号标志牌正确完整；油温油位曲线标志牌完整；油流继电器、套管、压力释放阀等其他附件铭牌齐全。

d. 套管、升高座、钟罩或桶体、储油柜、端子箱等附件可采用软导线连接的两侧以线鼻压接的方式进行短路接地；产品与技术规范书或技术协议中厂家、型号、规格一致。

e. 取样阀、注、放油阀等应有对应功能标志；冷却装置控制箱、端子箱内的空开、继电器标志应正确、齐全；铁芯、夹件标示应正确；阀应有开关位置指示标志。

f. 户外变压器的油流速动继电器、气体继电器（本体、有载开关）、温度计均应装设防雨罩。

g. 所有组部件应按实际供货件装配完整。

2）110（66）～220kV变压器出厂验收（试验）验收内容：

a. 低电压试验验收：

a）三相变压器零序阻抗测量正确。

b）额定分接作三相测试，测量变压器的短路阻抗；在最高分接和最低分接作单相测试。

c）相绕组频响数据曲线横向、纵向以及综合比较的相关系数显示无明显变形；同一电压等级三相绕组频率响应特性曲线应能基本吻合。

d）在下列节点进行试验：在变压器组装前、组装完毕、油箱注油前、总体试验之后装运之前均应测量铁芯的绝缘电阻；测量夹件对地、铁芯对夹件及地的绝缘电阻。

e）制造厂提供的检验报告与订货技术协议书的要求完全一致，变压器出厂试验对套管电流互感器可只进行极性、变比、直流电阻、饱和曲线和绝缘试验测试，结果满足投标技术规范书要求。

f）对所有分接位置进行电阻测量：线间差及相间偏差应在允许范围内。

g）极性试验应为减极性。

h）短路阻抗应在最大、额定、最小分接位置上进行，数值应满足投标技术规范书要求；负载损耗应在最大、额定电压分接头位置上进行，数值应满足投标技术规范书要求。

i）空载电流和空载损耗值满足投标技术规范中数值要求；额定电压下的空载损耗超过规定值时，不应通过；测量低电压空载电流和空载损耗。

j）对绕组连同套管对地及其余绕组间的电容、介损值进行测量，并将测试的介损值换算到20℃；提供电容量实测值。

k）对绕组对地及其余绕组间15、60s及10min的绝缘电阻值进行测量，并将测试的绝缘电阻换算到20℃。

l）联结组应符合产品订货要求。

m）对绕组及所有分接位置进行电压比测量。

b. 非电量试验验收：

a）冷却器应进行压力试验，确保冷却器无渗漏。

b）变压器组装后，储油柜应进行压力试验，确保无渗漏。

c）压力释放装置应校验其动作油压，动作值应与铭牌一致，符合设计要求。

d）对储油柜进行真空试验，应无渗漏及永久变形；储油柜应进行压力试验，储油柜应无渗漏且无永久变形。

e）温度计接点、信号应符合投标技术规范书要求。

f）冷却装置、有载开关等二次回路绝缘电阻应符合要求。

g）无励磁分接开关试验：切换过程无异常，电气及机械限位动作正确。

3）35kV变压器出厂验收（试验）内容。

a. 低电压试验验收。

a）测量变压器的短路阻抗。

b）在下列节点进行试验：在组装前、变压器组装完毕、油箱注油前、总体试验之后装运之前均应测量一次铁芯绝缘电阻；测量夹件对地、铁芯对夹件及地的绝缘电阻。

c）制造厂提供的检验报告与订货技术协议书的要求完全一致，变压器出厂试验对套管电流互感器可只进行极性、变比、直流电阻、饱和曲线和绝缘试验测试，结果满足投标技术规范书要求。

d）套管耐压符合要求。

e）短路阻抗应在最大、额定、最小分接位置上进行，数值应满足投标技术规范书要求。负载损耗应在最大、额定电压分接头位置上进行，数值应满足投标技术规范书要求。

f）空载电流和空载损耗值满足投标技术规范中数值要求。

g）对绕组连同套管对地及其余绕组间的电容、介损值进行测量，并将测试的介损值换算到20℃。

h）对绕组对地及其余绕组间15、60s及10min的绝缘电阻值进行测量，并将测试的绝缘电阻换算到20℃。

i）联结组应符合产品订货要求。

b. 高电压冲击试验验收：

a）短时感应耐压试验（ACSD）：按照内绝缘耐压水平规定的电压进行，同时应进行局部放电测量。

b）高低压线圈进行工频耐压试验。

（3）异常处置。验收人员发现质量问题时，应及时告知制造厂家和物资部门，提出相应整改意见，填入“出厂验收记录”，报送运检部门。

2.3.4　到货验收

1. 验收要求

（1）到货验收工作按验收内容要求执行。

（2）变压器附件和资料包装应有防雨措施。

（3）到货验收应进行包装及外观检查、运输情况检查并进行清点。

（4）本体或升高座若充气运输，应安装表计，卸货之前应检查表计指示是否正常，是否有渗漏情况，如采用充油运输，则检查是否有渗漏油的情况。

（5）变压器运输应安装三维冲撞仪，待主变压器本体就位后方可拆除并检查冲击值。

2. 验收内容

（1）本体到货验收。

1）检查三维冲击记录仪是否有时标、量程是否合适，设备运输及就位后受到的冲击值，应小于 3g 或符合制造厂规定。

2）变压器残油击穿电压应符合要求。

3）各电压等级变压器油中水分含量应符合要求。

4）充气运输的设备，油箱内应保持正压。

5）浸入油中运输的附件，其油箱应无渗漏。

6）各部件及法兰的连接螺栓应齐全，紧固良好，无渗漏。

7）油箱及所有附件应齐全，无机械损伤及锈蚀，并密封良好。

（2）组部件到货验收。

1）变压器在安装所需要的螺栓等，应按所需多装运一些。

2）仪表、专用工具和备品备件单独包装，并明显标记。各部件应数量齐全，并符合相关技术协议要求。

3）组部件、备件应齐全，规格应符合设计要求，包装及密封应良好。

4）所有接口法兰应用钢板良好密封、封堵。冷却器应有防护性隔离措施或采用包装箱；放油塞和放气塞要密封紧固。

5）套管升高座（TA 安装在内）单独运输时，内腔应抽真空后充以压力为 0.01～0.03MPa 的干燥空气或变压器油；套管外表面无裂痕、无损伤，充油套管无渗漏。

（3）技术资料到货验收。

1）图纸：

a. 安装图；

b. 铭牌图；

c. 二次展开图及接线图；

d. 套管安装图；

e. 附件外形尺寸图；

f. 外形尺寸图（包括吊装图及顶启图）。

2）制造厂应免费随设备提供给买方下述资料：

a. 变压器特殊试验报和型式试验；

b. 变压器的安装使用说明书；

c. 变压器的出厂例行试验报告；

d. 新油无腐蚀性硫、结构簇、糠醛及油中颗粒度报告；

e. 组部件说明书、试验报告。

（4）绝缘油到货验收。绝缘油油化试验标准应满足绝缘油出厂验收要求。变压器绝缘油符合110%油量的招标要求；应进行油化试验，小桶油抽样试验，大罐油应每罐取样。

（5）本体就位见证验收。

1）钟罩式变压器进行吊罩时，应将钢丝绳系专门用于起吊的吊耳上，并沿吊耳导向起吊。

2）装有滚轮的变压器，应将滚轮用能拆卸的制动装置加以固定。

3）应将千斤顶放置在油箱千斤顶支架部位，各点受力均匀，升降操作应协调，并及时垫好垫块。

4）装有滚轮的变压器，应将滚轮用能拆卸的制动装置加以固定；设备基础的轨道应水平，轨距与轮距应配合；卸车地点土质必须坚实。

5）卸货到就位后再检查三维冲击记录仪，冲击值应小于3g或符合制造厂规定。

3. 异常处置

验收人员如发现设备有质量问题，应及时告知厂家和物资部门，提出相应的整改意见，并将情况填入“到货验收记录”，报送运检部门。

2.3.5 竣工验收

1. 验收要求

（1）竣工（预）验收工作按照验收内容要求执行。

（2）变压器可根据不同的电压等级选用相应的验收标准。

（3）交接试验验收，所有试验项目必须齐全并合格，与出厂试验数值应无明显的差异。

（4）验收应核对、检查变压器相关的文件资料是否齐全。

（5）验收对局放试验、交流耐压试验应进行旁站见证，核查交接试验报告，相关交接试验项目也可以进行现场抽检。

（6）验收应对变压器信号、动作、外观进行检查核对。

2. 验收内容

（1）本体外观验收。

1）相序标志清晰正确。

2）设备出厂参数正确、铭牌齐全。

3）标志完整、正确，放气塞紧固；表面干净无脱漆锈蚀、无变形、密封良好、无渗漏。

（2）套管验收。

1）引线无散股、断股、扭曲现象。引线连接可靠、接触良好。不采用铜铝对接过渡线夹。

2）电缆备用芯加装保护帽；备用电缆出口应进行封堵；密封良好，二次引线连接紧固、可靠，内部清洁。

3）放气塞紧固、法兰连接紧固。

4）套管末屏接地可靠、密封良好。

5）套管油位计指示应正常、清晰、便于观察；瓷套表面无裂纹，清洁，无损伤，注油塞和放气塞紧固，无渗漏油。

（3）分接开关验收。

1）无励磁分接开关：顶盖、操动机构挡位指示一致；操作灵活，切换正确，机械操作闭锁可靠。

2）有载分接开关：电动操作的电源电压应符合要求。操作次数应按规范执行。操动机构指示、本体指示以及远方指示应一致；操作无卡涩、联锁、限位、连接校验正确，操作可靠；有载开关防爆膜处应有明显防踩踏的提示标志；有载开关储油柜油位正常，并略低于变压器本体储油柜油位。

（4）在线净油装置验收。

1）检查自动、手动及定时控制装置是否正常，进行功能检查参照使用说明。

2）选用适宜的连接管路长度及角度，使在线净油装置不受应力；部件齐全，各连通管清洁并无污垢、渗漏和锈蚀。

（5）储油柜验收。

1）油位计反映真实油位，油位符合油温油位曲线要求，油位清晰可见，便于观察；油位表的信号接点位置正确、动作准确，绝缘良好。

2）断流阀安装位置正确、密封良好，性能可靠，投运前处于运行位置。

3）旁通阀抽真空及真空注油时阀门打开，真空注油结束立即关闭。

4）胶囊呼吸通畅。

5）外观完好，部件齐全，各联管清洁、无渗漏、污垢和锈蚀。

（6）吸湿器验收。

1）连通管清洁、无锈蚀。

2）油封油位油量适中，在最低刻度与最高刻度之间，呼吸正常。

3）外观密封良好，无裂纹，吸湿剂干燥、自上而下无变色。

（7）压力释放装置验收。

1）接点绝缘良好、动作准确。

2）定位装置应及时拆除。

3）安全管道不应靠近控制柜或其他附件，喷口朝向鹅卵石。

（8）气体继电器验收。

1）校验合格。

2）集气盒应引下便于取气，集气盒内要无渗漏并充满油，管路应处于打开状态，无死弯、无变形。

3）采用排油注氮保护装置的变压器应使用双浮球结构的气体继电器；浮球及干簧接点完好、无渗漏，接点动作可靠。

4）户外变压器加装防雨罩。

5）继电器上的箭头标志应指向储油柜。油位观察窗挡板应打开。

（9）温度计验收。

1）校验合格。

2）金属软管不宜过长，固定良好，无死弯、破损变形。

3）闲置的温度计座应注入适量变压器油密封，不得进水；温度计座应注入适量变压器油，密封良好。

4）温度计应具备良好的防雨措施，确保不会被雨水直淋。

5）现场温度计、控制室或监控系统的温度误差不超过 5K。

6）根据运行规程（或制造厂规定）整定，接点动作正确。

（10）冷却装置验收。

1）风冷控制系统动作校验正确。

2）冷却器两路电源相互独立、互为备用；两路电源任意一相缺相，断相保护均能正确动作。

3）阀门开闭位置正确，操作灵活，阀门接合处无渗漏油现象。

4）风扇叶片无变形、转向正确、运转平稳、安装牢固。

5）所有法兰端面平整、无渗漏，连接螺栓紧固。

6）油流继电器接点动作正确，无凝露；继电器指针指向正确，无抖动。

7）潜油泵的轴承应采取 E 级或 D 级，油泵转动时应无异常噪声、振动；潜油泵运转平稳，转向正确。

8）外接管路流向标志正确，无锈蚀、清洁，安装位置偏差符合要求；外观无变形、渗漏。

（11）接地装置验收。

1）外壳接地：保证至少两点与不同主地网格连接。变压器本体上、下油箱连接排螺栓紧固，接触良好。

2）中性点接地：套管引线应加软连接，使用双根接地排引下，与接地网主网格的不同边连接，每根引下线截面符合动热稳定校核要求。

3）平衡线圈若两个端子引出，管间引线应加软连接，截面符合动热稳定要求；若三个端子引出，则单个套管接地，另外两个端子应加包绝缘热缩套，防止端子间短路。

4）铁芯接地与夹件接地分别引出引下线，并在油箱下部分别标识；铁芯接地应良好，引下线截面满足热稳定校核要求，并便于引下线应接地电流。

5）储油柜、套管、升高座、有载开关、端子箱等应有短路接地。

6）夹件接地良好。引下线截面满足热稳定校核要求，并便于检测接地电流。

7）备用 TA 短接接地正确、可靠。

（12）其他验收。

1）35、20、10kV 铜排母线桥：装设绝缘热缩保护，加装绝缘护层，引出线需用软连接引出；引排挂接地线处三相应错开。

2）各侧引线接线正确，松紧适度，排列整齐，相间、对地安全距离满足要求；接线端子连接面应涂以薄层电力复合脂。

3）无集气盒的主变压器，梯子的设置应便于对气体继电器带电取气；梯子距带电部件的距离应满足电气安全距离的要求，并应设置一个可以锁住踏板的防护机构。

4）主导电回路采用强度 8.8 级热镀锌螺栓。采取弹簧垫圈等防松措施；连接螺栓应齐全、紧固，紧固力矩符合相关标准。

5）电缆浪管不应有高挂低用现象或积水弯，如有应开排水孔并做好封堵；电缆走线槽应固定牢固，排列整齐，封盖良好并不易积水；电缆保护管无破损锈蚀。

6）控制箱、端子箱、机构箱：安装牢固，密封、封堵、接地良好；除器身端子箱外，加热装置与各元件、二次电缆的距离应大于 50mm，温控器有整定值，动作正确，接线整齐；端子箱、冷却装置控制箱内各空开、继电器标志正确、齐全；端子箱内直流+、−极，跳闸回路应与其他回路接线之间应至少有一个空端子，二次电缆备用芯应加装保护帽；交直流回路应分开使用独立的电缆，二次电缆走向牌标示清楚。

7）消防设施符合设计或厂家标准，并齐全、完好。

8）专用工器具清单、备品备件齐全。

9）事故排油设施通畅、完好。

3. 异常处置

验收人员发现质量问题时，应及时告知项目施工单位和管理单位，提出相应整改意见，并填入“竣工（预）验收及整改记录”，报送运检部门。

2.3.6　启动验收

1. 验收要求

（1）启动投运应严格按照验收内容要求执行。

（2）变压器启动验收内容包括红外测温、变压器声音、变压器外观检查。

（3）在变压器启动投运前，验收工作组应提交竣工验收报告。

2. 验收内容

（1）无励磁开关验收。

投运前根据调度要求调整分接档位后，应测量对应档位绕组直流电阻与交接试验数值无明显变化。

（2）外观验收。

1）本体各部分无渗漏、无放电现象。

2）本体、有载开关及套管油位无异常变化。

3）压力释放阀无压力释放信号，无异常。

4）气体继电器无轻重瓦斯信号，瓦斯内无集气现象。

5）现场温度指示和监控系统显示温度应保持一致，误差应在允许范围。单相变压器的不同相别变压器温度差应在允许范围。

6）吸湿器呼吸正常。

7）各级变压器铁芯接地电流应符合要求。

8）声音无异常。

9）红外测温无异常发热点。

3. 异常处置

验收人员发现质量问题时，应及时告知项目验收人员和管理单位，并要求对验收问题立即整改，如未能及时整改，应将问题记入“工程遗留问题记录”，报送运检部门。

2.4 变压器运检要点

2.4.1 “运检合一”模式下的管理维护要求

变压器作为电力系统一个重要设备，其在电网安全运行中扮演着重要的角色，充分利用“运检合一”设备管理模式，制订变压器设备日常管理维护规范，大幅度的提高变压器设备相关业务的运作效率，同时也提高运检人员技能水平。

针对“运检合一”模式下对变压器设备的日常管理，主要从人员的职责明确、日常管理的职责规范及相关业务的执行流程规范三个方面进行阐述。

1. 变压器相关业务中人员职责明确

针对变压器运维检修工作，针对每项工作的开展制定相应的职责划分，明确在进行相关工作运检人员的职责，例如在进行变压器技改大修等工程中，在管理部门统一部署下，成立运行维护工作组、检修工作组、设备主人工作组，如图 2-1 所示。在设备运维及检修过程中，各组之间相互协调，运检人员灵活调配，同时充分发挥设备主人制，各专业相互融合，充分发挥各专业的优势，充分发挥员工个人潜能和提高运维检修工作的效率。

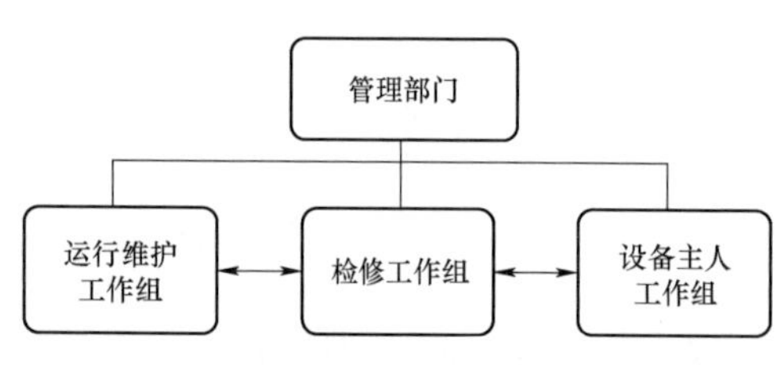

图 2-1　变压器大修工程项目管理流程图

2. 变压器设备日常管理的职责规范

（1）变压器设备出现的事故及异常情况的应急处置；倒闸操作；工作许可；设备主人制度的开展；变压器巡视；变压器相关定期切换等运维工作。

（2）变压器设备出现的缺陷跟踪、隐患排查及分析等。

（3）变压器设备台账、设备技术档案、变压器相关规程制度、图纸、相关备品备件及记录簿册的管理等。

（4）变压器设备技改、大修、设备改造等工程的验收及工程的生产运行准备工作。

（5）编制变压器设备相关运行规程、变压器典型操作票、一站一库、变压器事故处理预案。

（6）变压器等充油设备的补油、变压器设备消缺，发热、漏油等缺陷的处理，变压器精确测温、变压器铁芯夹件接地电流的测试等，变压器周期取油样等工作。

3. 变压器设备相关业务的执行流程规范

（1）制订变压器设备的倒闸操作流程。倒闸操作应严格遵守安全规程、调度规程和变电站现场运行规程。经上级部门考试合格、批准的运维检修人员，可进行变压器设备的倒闸操作。

（2）制订变压器设备的工作票流程。工作票按照标准流程执行。运检人员承担工作票许可、终结、归档职责。

（3）变压器设备一般运维业务。变压器设备一般运维业务应包括设备巡视（特殊巡视）、定期切换、日常维护、隐患排查、运维一体化、缺陷跟踪、应急响应及处置等工作。运检人员均应按照《变电五项管理规定》的要求执行变压器设备的运维业务。

（4）变压器设备检修、消缺业务流程。变压器设备检修工作中运检人员依据计划安排实施，并及时将实施情况反馈。变压器设备消缺工作由运检人员按要求正常上报缺陷，技术部门缺陷专职依据缺陷内容安排消缺。变压器设备常用备件由运检人员自备，特殊备品、备件由技术部门协调提供。

2.4.2　运行规定

1. 一般规定

（1）变压器下列保护装置应投信号：

1）绕组温度计；

2）顶层油面温度计；

3）油流继电器（流量指示器）；

4）压力释放阀；

5）突发压力继电器；

6）真空型有载调压开关轻瓦斯；

7）本体轻瓦斯。

（2）变压器在正常运行时，有载调压开关及本体重瓦斯应投跳闸。

（3）变压器承受近区短路冲击后，应对短路的电流持续时间、电流峰值进行记录。

（4）变压器运行不应超过铭牌规定的额定电流。

（5）运行中变压器进行如下工作时，应将重瓦斯保护改投信号：

1）需更换硅胶、吸湿器，而无法判定变压器是否正常呼吸时；

2）油位计油面异常升高或呼吸系统有异常需要打开放油或放气阀门；

3）冷却器油回路、通向储油柜的各阀门由关闭位置旋转至开启位置；

4）变压器补油，换潜油泵，油路检修及气体继电器探针检测等工作；

5）变压器运行中，将气体继电器集气室的气体排出时。

（6）变压器本体、有载调压开关均应设置油面过低和过高信号。

（7）无人值班变电站，强油循环风冷变压器的冷却装置及油浸（自然循环）风冷变压器风冷装置全停，条件具备时宜投跳闸；有人值班变电站，宜投信号。

（8）强油循环结构的潜油泵启动应逐台启用，为防止气体继电器误动，延时间隔应设置在30s以上。

（9）现场监控系统、控制室温度显示装置、温度计指示的温度误差一般不超过5℃。

（10）以下情况有载调压开关禁止调压操作。

1）过负荷1.2倍时，禁止调压操作；变压器过负荷运行时，不宜进行调压操作。

2）有载开关储油柜的油位异常；

3）有载开关油箱内绝缘油劣化不符合标准；

4）真空型有载开关轻瓦斯保护动作发信时。

（11）有载调压变压器并列运行时，其调压操作应同步进行或轮流逐级。

（12）运行中应检查吸湿器呼吸畅通，吸湿剂潮解变色部分不应超过总量的2/3。

（13）有载分接开关滤油装置的工作方式：

1）手动方式一般在调试时使用；

2）动作次数较少或不动作，可设置为定时滤油；

3）正常运行时一般采用联动滤油方式。

2. 负荷状态的分类及运行规定

变压器存在绝缘有弱点或较为严重的缺陷（例如：油中溶解气体分析结果异常、有局部过热现象、严重漏油、冷却系统不正常等）时，不宜超额定电流运行。

（1）长期急救周期性负载。

1）若处于长期急救周期性负载运行，在此期间应有负载电流记录。

2）变压器超应尽量减少过额定电流或长时间在环境温度较高的条件下运行；采用这种运行方式时，应投入备用冷却器，降低超过额定电流的倍数，并尽量缩短超过额定电流运行时间。

（2）正常周期性负载。

1）正常周期性负载状态下的温度限值、负载电流及最长时间应符合相关要求。

2）在周期性负载中，某超过额定电流运行或环境温度较高的时间段，可以通过其他低于额定电流或者环境温度较低的时间段予以补偿。

（3）短期急救负载。

1）在短期急救负载运行期间，应计算该运行期间的相对老化率，并有详细的负载电流记录。

2）短期急救负载状态下的温度限值、负载电流及最长时间应符合相关要求。

3. 并列运行的基本条件

（1）阻抗电压值偏差应符合相关要求。

（2）当电压比相同时，差值应符合相关要求。

（3）联结组标号相同。

4. 紧急申请停运规定

运维人员发现变压器有下列情况之一，应立即向调控人员汇报，申请停运变压器：

（1）变压器内部有爆裂声，声响明显增大。其他根据现场实际认为应紧急停运的情况。

（2）强油循环风冷变压器的冷却系统因故障全停，超过允许时间和温度。

（3）变压器附近设备爆炸、着火或发生其他情况，对变压器构成严重威胁时。

（4）变压器轻瓦斯保护动作，信号多次发出。

（5）变压器冒烟着火。

（6）套管有严重的破损和放电现象。

（7）严重漏油或者喷油。

（8）其他根据现场实际认为应紧急停运的情况。

2.4.3　检修分类及要求

变压器检修试验工作可分为 A、B、C、D 四类检修。

2.4.4　巡视要点

1. 例行巡视

（1）本体及套管。

1）35kV 及以下引线及接头绝缘护套良好。

2）变压器铁芯、夹件及外壳接地应良好。

3）引线无散股、无断股，外壳及箱沿应无异常发热。

4）电缆及引线接头应无发热迹象。

5）变压器声响正常、均匀。

6）套管均压环无开裂歪斜。接地引线固定良好，套管末屏无异常声音。

7）套管油位正常，防污闪涂料无起皮、脱落等异常现象。套管外部无破损裂纹、无放电痕迹、无严重油污。

8）各部位无渗漏油。

9）运行灯光指示、监控信号、运行数据等均应正常。

（2）分接开关。

1）在线滤油装置应无渗漏油。

2）在线滤油装置电源、压力表指示正常，工作方式设置正确。

3）分接开关的油色、油位应正常。

4）机构箱加热、驱潮等装置运行正常，电源指示应正常，密封应良好。

5）分接档位指示与监控系统应保持一致。

（3）冷却系统。

1）冷却塔运行参数正常，外观完好，各阀门开启正确、管道无渗漏、部件无锈蚀、电机运转正常。

2）水冷却器各表计指示正常，表计指针无抖动现象。

3）冷却装置控制箱电源投切方式指示正常。

4）冷却系统及连接管道无渗漏油。

5）各冷却器（散热器）的水泵、油泵、风扇运转正常，油流继电器工作正常。

（4）非电量保护装置。

1）温度计、油流速动继电器、气体继电器等防雨措施完好。

2）气体继电器内应确保无气体。

3）压力释放阀、安全气道以及防爆膜应确保完好无损。

4）温度计表盘密封良好，无凝露、无进水，指示正常、外观完好，温度指示应正常。

（5）储油柜。

1）本体及有载调压开关吸湿器外观完好、呼吸正常，吸湿剂应符合相关要求，油封油位应正常。

2）本体及有载调压开关储油柜的油位与油温、油位曲线一致。

（6）其他。

1）变压器接头、导线、母线上应无异物。

2）设备上原来存在的缺陷是否有进一步发展。

3）各种标志是否齐全明显。

4）电缆穿管端部是否封堵严密。

5）变压器室门窗、照明完好，房屋无漏水。通风设备应完好，温度正常。

6）各机构箱、控制箱和端子箱加热、驱潮等装置运行正常，密封良好。

2. 全面巡视

全面巡视在例行巡视的基础上增加以下项目：

（1）抄录主变压器油位及油温。

（2）在线监测装置保持良好状态。

（3）冷却系统各信号应正确。

（4）各部位的接地应确保完好。

（5）排油设施和储油池应保持良好状态。

（6）消防设施应保证齐全完好。

3. 熄灯巡视

（1）套管应无放电、无闪络。

（2）接头、引线、套管末屏无放电迹象。

4. 特殊巡视

（1）大修或新投运变压器巡视。

1）油温变化应正常，变压器（电抗器）带负载之后，其油温应符合厂家要求。

2）冷却装置应运行良好，各组冷却器温度应无明显差异。

3）油位变化应正常，应随温度的变化合理变化，并符合厂家给出的油温曲线。

4）变压器运行声音应正常，无放电声异常声音。

5）各部件应无渗漏油。

（2）异常天气时的巡视。

1）当发生覆冰天气时，观察外绝缘的冰凌桥接程度及覆冰厚度是否有异常。

2）当发生下雪天气时，应及时清除导引线上的积雪和形成的冰柱，以防套管因积雪过多受力引发套管破裂和渗漏油等。

3）当发生雾霾天气、小雨、浓雾时，各接头部件、部位在小雨中不应有水蒸气上升现象。还应检查瓷套管是否有沿表面放电和闪络。

4）当气温骤变时，检查瓷套管油位和储油柜油位有无明显变化，是否存在接头部位、部件发热或者断股现象，各侧连接引线是否受力。各密封部件、部位是否有渗漏油现象。

（3）过载时的巡视。

1）压力释放阀、防爆膜有无动作。

2）检查变压器接头是否发热、声音是否正常，是否投入足够数量的冷却装置。

3）定时检查并记录负载电流，对油位和油温的变化进行及时的检查并记录。

（4）故障跳闸后的巡视。

1）对各侧断路器运行状态进行检查（油位、压力、位置）。

2）对保护及自动装置（包括压力释放阀和气体继电器）的动作情况进行检查。

3）检查现场一次设备（特别是保护范围内设备）有无小动物爬入、放电痕迹、喷油、导线断线等情况。

2.4.5　操作要点

（1）变压器操作对站用电、各侧母线、无功自动投切、保护等的要求。

1）当变压器充电后，变压器遥测、遥信指示应正常，无异常声音及异常告警信号。

2）充电前应检查主变压器保护及相关保护压板投退位置正确，无异常动作信号。检查充电侧母线电压，确保充电后各侧电压小于等于规定值。

3）应在主变压器停电前，先行调整好站用电运行方式。

（2）110kV 及其以上变压器中性点有效接地系统中，如需投运或停运变压器时，应先将中性点接地，待变压器投入后可按系统需要再决定是否断开。

（3）变压器停电操作时，应按照先停负荷侧、后停电源侧的操作顺序进行，变压器送电时操作顺序则相反。

（4）新安装、大修后的变压器投入运行前，应在额定电压下做空载全电压冲击合闸试验。

2.4.6 维护要点

1. 冷却系统维护

（1）冷却系统更换完毕后应检查接线正确，风机切换、电源自投正常。

（2）空开、指示灯、接触器和热耦更换时应尽量确保型号相同。

（3）运行中发现冷却系统空气开关、指示灯、接触器和热耦损坏时，应及时更换。

2. 吸湿器维护

（1）维护后应检查密封完好、呼吸正常。

（2）油封内的油应补充至合适位置，补充的油应合格。

（3）同一设备应采用同一种变色吸湿剂。

（4）油封内的油位超过上下限、吸湿剂受潮变色超过 2/3、吸湿器玻璃罩及油封破损时应及时维护。

3. 气体继电器放气

（1）如现场无气体地面采集装置，可将变压器重瓦斯保护由跳闸切换为信号，排气结束后，再由信号改为跳闸。

（2）放气后应及时关闭排气阀，确保无渗漏油、关闭紧密。

（3）应记录放气时间以及集气盒内放出气体体积。

4. 变压器事故油池维护

油池内应干净整洁、不应有杂物。

5. 变压器铁芯、夹件接地电流测试

（1）在接地电流直接引下线段进行测试。

（2）测试时严禁将接地点打开。

（3）220kV 变压器每 6 个月不少于一次测试；35～110kV 变压器每年不少于一次测试。A、B 类检修重新投运后及新安装主变压器应 1 周内进行测试。

6. 在线监测装置载气更换

（1）气瓶更换完毕后，可采用专用气体检漏仪或泡沫法，检测气路系统是否漏气。

（2）更换气瓶时应停止在线监测装置工作。

（3）当气瓶上高压指示下降到报警值时，应及时更换气瓶。

7. 红外检测

（1）配置智能机器人巡检系统的变电站可由智能机器人完成检测，测试结果由专业人员进行复核。

（2）重点检测储油柜油位、套管油位、套管及其末屏、引线接头、二次回路、电缆终端。

（3）检测范围为变压器附件及本体。

（4）220kV 变压器测温周期为 3 月；110（66）kV 变压器测温周期为半年；35kV 及以下变压器测温周期为 1 年。新投运变压器测温周期为 1 周内（但应超过 24h）。

2.4.7 典型故障检修要点

1. 本体故障检修要点

（1）变压器过负荷。

1）实际状态：达到短期急救负载运行规定或长期急救负载运行规定。

2）检修策略：监视油位、油温，进行红外检测、油中溶解气体分析、油中糠醛含量等 D 类检修，适时安排进行诊断性试验进行综合分析，根据诊断性试验结果安排 B 类或 A 类检修。

（2）过励磁。

1）实际状态：达到变压器过励磁限值。

2）检修策略：开展油中溶解气体分析等 D 类检修，根据试验结果适时安排停电检修。

（3）储油柜密封元件（金属膨胀器、隔膜、胶囊）。

1）实际状态：金属膨胀器破裂，隔膜、胶囊破损或隔膜和胶囊运行年限已超过 15 年；隔膜式储油柜密封面有渗油、金属膨胀器有卡滞。

2）检修策略：安排 B 类检修，更换金属膨胀器或胶囊、隔膜。

（4）漏油。

1）实际状态：油滴速度快于每滴 5s 或形成油流或渗漏位于负压区；有轻微渗漏（渗漏部位不是负压区），不快于每滴 5s。

2）检修策略：根据渗漏部位、渗漏严重程度，适时安排 D 类或 B 类检修。

（5）噪声及振动。

1）实际状态：噪声、振动异常。

2）检修策略：进行油中溶解气体分析等 D 类检修；如油色谱异常，进行 B 类检修，检查绕组是否存在变形，内部紧固件是否有松动，开展 A 类检修。

（6）压力释放阀动作。

1）实际状态：动作（周围有油迹）。

2）检修策略：开展 D 类或 B 类检修，进行变压器诊断性试验，若变压器故障，开展 A 类检修。

（7）气体继电器动作。

1）实际状态：轻瓦斯发信，且色谱异常或重瓦斯动作。

2）检修策略：进行诊断性试验，根据试验结果开展 B 类或 A 类检修，必要时进行返厂处理。

（8）绕组频率响应测试。

1）实际状态：绕组频响测试反映绕组有变形。

2）检修策略：结合油色谱、低电压短路阻抗和绕组电容量等诊断性试验结果，综合分析，根据变形严重程度开展 A 类检修。

（9）短路阻抗。

1）实际状态：短路阻抗与原始值的有差异。

2）检修策略：加强 D 类检修，结合油色谱、绕组频响和绕组电容量等诊断性试验结果，综合分析，根据变形严重程度开展 A 类检修。

（10）局部放电（带电检测）。

1）实际状态：存在典型放电图谱。

2）检修策略：结合油色谱等诊断性试验结果，进行综合分析，加强 D 类检修，必要时进行 B 类检修或 A 类检修。

2. 套管故障检修要点

（1）外绝缘。

1）实际状态：外绝缘配置不满足要求，且未采取措施。

2）检修策略：进行 B 类检修，喷涂防污闪涂料或加装防污闪辅助伞裙，必要时更换变压器套管。

（2）外观。

1）实际状态：套管及组件破损或严重渗漏。

2）检修策略：进行 B 类检修，更换套管组件或套管。

（3）电容量。

1）实际状态：电容量初值差超过±5%。

2）检修策略：进行 B 类检修，更换套管。

（4）末屏。

1）实际状态：末屏异常不接地引起放电。

2）检修策略：开展 B 类检修。

3. 冷却系统故障检修要点

（1）电动机运行。

1）实际状态：风机运行异常；油泵、水泵及油流继电器工作异常。

2）检修策略：进行检查、试验，必要时进行 D 类或 B 类检修。

（2）冷却装置控制系统。

1）实际状态：冷却器控制系统异常。

2）检修策略：进行检查、试验，必要时进行 D 类或 B 类检修。

（3）冷却装置散热效果。

1）实际状态：冷却装置表面积污严重，冷却装置表面有积污，影响冷却装置散热效果。

2）检修策略：进行 D 类检修，加强运行巡视和红外测温，必要时对冷却装置进行清洗。

（4）漏油。

1）实际状态：未形成油滴，部位位于非负压区；形成油流有轻微渗油或油滴速度快于每滴 5s 或渗漏位于负压区。

2）检修策略：根据渗漏部位、渗漏严重程度，适时安排 D 类或 B 类检修。

4. 分接开关故障检修要点

（1）有载分接开关。

1）油位。① 实际状态：有载分接开关油位异常。② 检修策略：进行实际油位测量，根据检查结果开展 D 类或 B 类检修，调整油位或维修更换油位表。

2）吸湿器。① 实际状态：吸湿器无呼吸；吸湿器吸湿器呼吸不畅通、吸湿器油封异常、硅胶自上而下变色、硅胶潮解变色部分超过总量的 2/3。② 检修策略：开展 D 类检修消除缺陷。

3）渗漏。① 实际状态：有载分接开关有轻微或严重渗漏。② 检修策略：开展渗漏检查，根据检查结果安排 D 类或 B 类检修。

4）控制回路。① 实际状态：控制回路失灵，过流闭锁异常。② 检修策略：进行 D 类检修，处理控制回路异常缺陷。

（2）无载分接开关操动机构及档位指示。

1）实际状态：档位指示模糊或机械闭锁不可靠。

2）检修策略：进行防腐处理，修理机械止位销，必要时进行 B 类检修，更换指示机构。

5. 非电量保护装置故障检修要点

（1）温度计。

1）实际状态：温度计指示异常，二次回路绝缘电阻不合格。

2）检修策略：开展 D 类检修，检查表计及二次回路，必要时进行 B 类检修，更换温度计。

（2）油位指示计。

1）实际状态：油位计指示异常。

2）检修策略：进行实际油位测量，根据检测结果进行 D 类或 B 类检修，必要时更换油位指示计。

（3）压力释放阀。

1）实际状态：发生过误动；二次回路绝缘电阻不合格。

2）检修策略：开展 D 类检修，检查二次回路；必要时进行 B 类检修，更换压力释放阀。

（4）气体继电器。

1）实际状态：气体继电器有渗漏油现象，二次回路绝缘电阻不合格。

2）检修策略：开展 D 类检修，检查二次回路，处理渗漏油；必要时进行 B 类检修，更换气体继电器。

2.4.8 检修实例分析

1. 套管及升高座检修

（1）纯瓷充油套管检修。

1）安全注意事项。

a. 应注意与带电设备保持足够的安全距离，准备充足的施工电源及照明。

b. 按厂家规定正确吊装设备，设置揽风绳控制方向，并设专人指挥。

c. 拆接作业使用的工具袋。

d. 高空作业严禁上下抛掷物品，应按规程使用安全带，安全带应挂在牢固的构件上，禁止低挂高用。

e. 严禁人员攀爬套管。

2）关键工艺质量控制。

a. 拆除套管前先进行本体排油，排油时应将变压器储油柜与气体继电器连接处的阀门关闭，瓦斯排气打开，将油面降至手孔 200mm 以下。

b. 重新组装时应更换新胶垫，密封良好，胶垫压缩均匀，位置放正。

c. 所有经过拆装的部位，其密封件应更换。

d. 导电杆和连接件紧固螺栓或螺母有防止松动的措施。

e. 设置检修手孔的升高座，应将油面降至检修孔下沿 200mm 以下。

f. 导电杆应处于瓷套的中心位置，绝缘筒与导电杆中间应有固定圈防止窜动。

g. 更换放气塞密封圈时确保密封圈入槽。

h. 检修过程中采取措施防止异物掉入油箱。

（2）油纸电容型套管检修。

1）安全注意事项。

a. 应注意与带电设备保持足够的安全距离，准备充足的施工电源及照明。

b. 吊装套管时，用缆绳绑扎好，并设专人指挥。

c. 吊装套管时，其倾斜角度应与套管升高座的倾斜角度基本一致。

d. 拆接作业使用工具袋。

e. 高空作业应按规程使用安全带，安全带应挂在牢固的构件上，禁止低挂高用。

f. 严禁上下抛掷物品。

g. 套管检修时，应做好防止异物落入主变压器内部的措施。

2）穿缆式电容型套管检修关键工艺质量控制。

a. 拆除套管前先进行排油，排油前应在相对湿度不大于 75%进行，变压器排油时，将变压器储油柜与气体继电器连接处的阀门关闭，瓦斯排气打开，将油面降至升高座上沿 200mm 以下。

b. 所有经过拆装的部位，其密封件必须更换。

c. 应先拆除套管顶部连接，再拆将军帽，用专用带环螺栓将引线头固定，并在带环螺栓上固定绑绳。

d. 拆装有倾斜度的套管应使用专用吊具，起吊过程中应保证套管倾斜度和安装角度一致，并保证油位计的朝向正确。

e. 套管拆卸时，应在吊索轻微受力以后方可松开法兰螺栓。

f. 起吊前确认对接面已脱胶，沿套管安装轴线方向缓慢吊出套管，同时正确控制牵引绳。

g. 检查导电连接部位应无过热现象。

h. 拆下的套管应垂直放置于专用的作业架上固定牢固，并对下节采取临时包封，防止受潮。在检修现场可短时间倾斜放置，对套管头部位置进行垫高处理，套管起吊后，应做好防止异物落入主变压器内部的措施。

i. 外表面应清洁，无放电、无裂纹、无破损，油位应正常，注油孔密封良好。

j. 连接端子应完整无损，无放电、过热、烧损痕迹。

k. 末屏端子绝缘应良好，接地应可靠，无放电、无损坏、无渗漏。

l. 下尾端均压罩应固定可靠，位置应准确，并应用合适的工具检验拧紧程度。

m. 末屏端子采用压盖式结构的，应避免螺杆转动，使得末屏内部连接松动损坏。

n. 末屏端子采用通过压盖弹片式结构的，应确保弹片弹力，防止因弹力不足导致末屏接地不良。

o. 末屏端子采用弹簧式结构的，应保持内部弹簧复位灵活，避免接地不良。

p. 拆除采用外引接地结构的末屏端子时，应采取防护措施，防止端部转动造成接地损坏。

q. 套管复装时先检查密封面应平整无划痕，无漆膜，无锈蚀，更换密封垫。

r. 穿缆引线绝缘破损应用干燥好的白布带进行半叠包扎。

s. 先将穿缆引线的引导绳及专用带环螺栓穿入套管的引线导管内。

t. 待套管吊至指定位置后，将带环螺栓紧固在引线上并将引导绳慢慢拉直，慢慢将套管调整至最佳安装角度并慢慢放至安装位置。

u. 对角紧固安装法兰螺栓，确保将密封垫的压缩量控制在 1/3（胶棒压缩 1/2）。

v. 安装过程中应先确认导电杆是否到位，插入固定插销后，紧固套管顶端，确保均匀压缩密封垫，防止损坏瓷套或渗漏油。

w. 在安装固定将军帽时，定位螺母应安装正确，更换新的密封垫，并应使用足够力矩的扳手锁紧将军帽。

x. 更换新套管时，为防止气体侵入电容芯棒，应确保套管在运输和安装过程中套管上端高于其他部位。

y. 套管安装完毕后应缓慢打气体继电器的主阀门，对套管、升高座及气体继电器等可能存气的部件进行排气，并将油位调整至正常油位。

3）导杆式电容型套管检修关键工艺质量控制。

a. 导杆式套管吊装前，应先将下部与引线的连接部分拆除。

b. 所有经过拆装的部位，其密封件必须更换。

c. 套管复装时应检查密封面，应无划痕、平整、无锈蚀、无漆膜。

d. 下尾端均压罩位置应用合适的工具检测紧固程度，并应固定可靠、准确。

e. 末屏端子采用压盖式结构的，应确保螺杆不能转动，以免造成末屏内部连接损坏、松动。

f. 末屏端子采用压盖弹片式结构的，应检测弹片弹力，避免因弹力不足影响接地。

g. 末屏端子采用弹簧式结构的，应确保内部弹簧复位灵活，防止末屏接地不良。

h. 末屏端子采用外引接地结构的，应避免因紧固螺母后，打开接地片造成端部转动的损坏。

i. 末屏端子绝缘应良好，接地应可靠，无渗漏、无损坏、无放电现象。

j. 连接端子应完整无损，无烧损、无过热、无放电痕迹。

k. 外表面应清洁，无破损、无裂纹、无放电痕迹，油位应正常，且无渗漏现象。

l. 安装有倾斜度的套管时，应保证套管的倾斜角度和安装角度一致之后才能安装。

m. 将套管放入安装位置后依次对角拧紧安装法兰螺栓，使密封垫均匀压缩 1/3（胶棒压缩 1/2）。

（3）升高座（套管型电流互感器）检修。

1）安全注意事项。

a. 应注意与带电设备保持足够的安全距离，准备充足的施工电源及照明。

b. 吊装升高座时应选用合适的吊装设备和正确的吊点，使用揽风绳控制方向，并设置专人指挥。

c. 拆接作业使用工具袋，防止高处落物。

d. 高空作业应按规程使用安全带，安全带应挂在牢固的构件上，禁止低挂高用。

e. 严禁上下抛掷物品。

f. 升高座检修时，应做好防止异物落入主变压器内部的措施。

2）关键工艺质量控制。

a. 所有经过拆装的部位，其密封件应更换。

b. 应先将外部的二次连接线全部脱开，裸露的线头应立即单独绝缘包扎并做好标记。

c. 拆装有倾斜度的升高座应使用专用吊具，起吊过程中应保证套管倾斜角度和安装角度一致。

d. 拆下后应注油或充干燥气体密封保存。

e. 更换引出线接线端子和端子板的密封胶垫，胶垫更换后不应有渗漏。

f. 更换端子后应做极性试验确保正确。

g. 安装无导气连管的升高座，排气螺栓的密封圈应更换新的，并在注油后逐台排气。安装有导气连管的升高座，应先将全部连管连接以后，再统一进行紧固，以免因受力不匀导致安装不到位。

h. 依次对角拧紧安装法兰螺栓，使密封垫均匀压缩 1/3（胶棒压缩 1/2）。

i. 未使用的互感器二次绕组应可靠短接后接地。

2. 储油柜检修

（1）安全注意事项。

1）吊装储油柜时应注意与带电设备保持足够的安全距离。

2）吊装储油柜时应选用合适的吊装设备和正确的吊点，使用揽风绳控制方向，并设置专人指挥。

3）储油柜要放置在事先准备好的枕木上，以防损坏储油柜。

4）拆接作业使用工具袋，防止高处落物。

5）高空作业应按规程使用安全带，安全带应挂在牢固的构件上，禁止低挂高用。

6）严禁上下抛掷物品。

（2）关键工艺质量控制。

1）胶囊式储油柜检修。

a. 更换所有连接管道的法兰密封垫。

b. 拆除管道前关闭连通气体继电器的碟阀，拆除后应及时密封。

c. 起吊储油柜时注意吊装环境。

d. 放出储油柜内的存油，取出胶囊，清扫储油柜，储油柜内部应清洁，无锈蚀和水分。

e. 将集污盒内残油排除干净。

f. 储油柜内有小胶囊时，应将小胶囊内的空气排出，检查红色浮标、小胶囊、玻璃管应完好。

g. 若变压器有安全气道则应和储油柜间互相连通。

h. 胶囊应无老化开裂现象，密封性能良好。

i. 胶囊在安装前应在现场进行密封试验，如发现有泄漏现象，需对胶囊进行更换。

j. 清洁胶囊，将胶囊挂在挂钩上，保证胶囊悬挂在储油柜内，防止胶囊堵塞各联管口。

k. 集污盒、塞子整体密封良好无渗漏，耐受油压 0.05MPa，6h 无渗漏。

l. 保持连接法兰的平行和同心，密封垫压缩量为 1/3（胶棒压缩 1/2）。

m. 管式油位计复装时应注入 3～4 倍玻璃管容积的合格绝缘油，排尽小胶囊中的气体。

n. 安装指针式油位计时，应先手动模拟连杆的摆动观察指针的指示位置应正确，根据伸缩连杆的实际安装节点固定安装。

o. 胶囊密封式储油柜注油时，打开顶部放气塞，直至冒油立即旋紧放气塞，再调整油位，以防止出现假油位。

p. 拆装前后应确认蝶阀位置正确。

2）隔膜式储油柜检修。

a. 用吊车和吊具吊住储油柜，拆除储油柜固定螺栓，吊下储油柜。

b. 更换所有与储油柜连接管路的法兰密封垫。

c. 清洗油污，清除锈蚀后应重新做防腐处理。

d. 清扫上下节油箱内部，检查内壁应清洁，无毛刺、锈蚀和水分。

e. 管路畅通、无杂质、锈蚀和水分。

f. 隔膜无老化开裂、损坏现象，双重密封性能良好。

g. 储油柜复装时保持连接法兰的平行和同心，密封垫压缩量为 1/3（胶棒压缩 1/2），确保接口密封和畅通。

h. 密封试验：充油（气）进行密封试验，压力 0.023～0.03MPa，12h 应无渗漏。

i. 隔膜式储油柜注油后应排尽气体后塞紧放气塞。

j. 拆装前后应确认蝶阀位置正确。

3）金属波纹储油柜检修。

a. 应更换所有连接管道的密封圈。

b. 先用吊车和吊具吊住储油柜，待拉紧后再拆除螺栓，吊下储油柜。

c. 通过观察金属隔膜膨胀情况，根据厂家提供的油温曲线表，调整油位。

d. 保证法兰面接口密封和呼吸畅通。所有管道内应清洁并畅通，无杂质、水分和锈蚀。

e. 更换后在限定体积时的压力0.02～0.03MPa，12h应无渗漏（内油式不能充压）。

f. 储油柜复装时保持连接法兰的平行和同心，将密封垫的压缩量控制在1/3（胶棒压缩1/2），确保接口清洁、畅通，储油柜本体和各管道密封、牢固。

g. 打开放气塞进行排气，待气体排尽后塞紧放气塞。

h. 按照油温油位标准曲线调整油量。

i. 拆装前后应确认蝶阀位置正确。

j. 检查金属波纹移动滑道和滑轮完好无卡涩。

3. 分接开关检修

（1）有载分接开关检修。

1）安全注意事项。

a. 检修前断开有载分接开关控制、操作电源。

b. 拆接作业使用工具袋，防止高处落物。

c. 按厂家规定正确吊装设备，用缆风绳在专用吊点用吊绳绑好，并设专人指挥。

d. 高空作业应按规程使用安全带，安全带应挂在牢固的构件上，禁止低挂高用。

e. 严禁上下抛掷物品。

f. 严禁踩踏有载开关防爆膜。

2）电动机构箱检修关键工艺质量控制。

a. 机械传动部位有适量的润滑油，连接良好。

b. 电气控制回路各接点连接良好。

c. 机构箱能够做到有效密封和防尘。

d. 电气和机械限位良好，升降档圈数符合制造厂规定。

e. 机构档位指针停止在规定区域内与顶盖档位、远方档位一致。

3）切换开关或选择开关检修关键工艺质量控制。

a. 在整定工作位置，小心吊出切换开关芯体。

b. 用合格绝缘油冲洗管道及油室内部，清除切换芯体及选择开关触头转轴上的游离碳。

c. 紧固件无松动现象，过渡电阻及触头无烧损。

d. 快速机构的弹簧无变形、无断裂。

e. 各触头编织软连接线无断股、无起毛，触头无严重烧损。

f. 直流电阻阻值与产品出厂铭牌数据相比，其偏差值控制在10%以内；过渡电阻无断裂。

g. 触头接触电阻应符合要求。

h. 绝缘筒完好，绝缘筒内外壁应光滑、颜色一致，表面无起层、发泡裂纹或电弧烧灼的痕迹。

i. 绝缘筒与法兰的连接处无松动、无变形、无渗漏油。

j. 组装后的开关，检测动作顺序及机械特性应符合出厂技术文件的要求。

4）分接选择器、转换选择器检修关键工艺质量控制。

a. 检查转换选择器和分接选择器触头的工作位置；转换选择器和分接选择器动、静触头无变形与烧伤痕迹；无磨损、过热迹象。

b. 检查绝缘杆无损伤、分层开裂及变形。

c. 对带正反调压的分接选择器，转换选择器的动触头支架与连接“K”端分接引线的间隙大于等于 10mm。

d. 级进槽轮传动机构符合要求。

e. 手摇操作分接选择器，从 n→1 和 1→n 两个方向分别动作，逐档检查分接选择器触头分合动作和啮合情况是否正确。

5）在线净油装置检修关键工艺质量。

a. 接地装置可靠，金属部件无锈蚀，承压部件无变形，各部位无渗油。

b. 更换部件和滤芯的工作，变压器可不停电。

c. 在线净油装置检修完毕后，要对滤油机内部进行补油、循环、放气的操作。

d. 拆装前后应确认蝶阀位置正确。

（2）无励磁分接开关检修。

1）安全注意事项。应注意与带电设备保持足够的安全距离，准备充足的施工电源及照明。

2）关键工艺质量控制。

a. 应先将开关调整到极限位置，安装法兰应做定位标记，三相联动的传动机构拆卸前也应做定位标记。

b. 逐级手摇时检查定位螺栓应处在正确位置。

c. 极限位置的限位应准确有效。

d. 触头表面应光洁，无变色、镀层脱落及无损伤，弹簧无松动。触头接触压力均匀、接触严密。

e. 绝缘筒、绝缘件和支架应完好，无剥离开裂、无破损、无受潮或无放电、无变形，表面清洁无油垢。

f. 操作杆无弯曲变形、绝缘良好，拆下后，应做好防潮、防尘措施。

g. 绝缘操作杆 U 型拨叉应保持良好接触。

h. 复装时对准原标记，拆装前后指示位置必须一致，各相手柄及传动机构不得互换。

i. 密封垫圈入槽、位置正确，压缩均匀，法兰面啮合良好无渗漏油。

j. 调试要在注油前和套管安装前进行，应逐级手动操作，操作灵活无卡滞，观察和通过测量确认定位正确、指示正确、限位正确。

k. 无励磁分接开关在改变分接位置后，必须测量使用分接位置的直流电阻和变比。

4. 冷却装置

（1）散热器检修。

1）安全注意事项。

a. 应注意与带电设备保持足够的安全距离，准备充足的施工电源及照明。

b. 吊装散热器时，设专人指挥并有专人扶持。

c. 拆接作业使用工具袋。

d. 高空作业应按规程使用安全带，安全带应挂在牢固的构件上，禁止低挂高用。

e. 严禁上下抛掷物品。

f. 起吊搬运时，应避免散热器片划伤。

2）关键工艺质量控制。

a. 散热器拆卸后，应用盖板将蝶阀封住。

b. 将接头法兰用盖板密封，加变压器油进行试漏。

c. 检查无渗漏点，片式散热器边缘不允许有开裂。

d. 放气塞子密封性和透气性应良好，更换密封圈时应注意确保密封圈放置准确。

e. 吊装时确保密封面同心和平行，密封胶垫放置在正确位置，将密封垫的压缩量控制在 1/3（胶棒压缩 1/2）。

f. 检查碟阀应确保完好，操作杆位置、安装方向应统一，开关指示标志应正确、清晰。

g. 调试时先打开下碟阀开启至 1/3 或 1/2 位置，排气塞出油后打开上蝶阀，最后将上下蝶阀全部打开。

h. 风机的调试应运行 5min 以上。转动方向正确，运转应平稳、灵活，无异常噪声，三相电流基本平衡。

i. 拆装前后应确认蝶阀位置正确。

（2）强油循环冷却装置检修。

1）安全注意事项。

a. 应注意与带电设备保持足够的安全距离，准备充足的施工电源及照明。

b. 吊装散热器时，设专人指挥并有专人扶持。

c. 拆接作业使用工具袋。

d. 高空作业应按规程使用安全带，安全带应挂在牢固的构件上，禁止低挂高用。

e. 严禁上下抛掷物品。

2）关键工艺质量控制。

a. 冷却管应无堵塞现象，油室内部应干净整洁。

b. 放油塞密封性、透气性应良好，密封圈更换应放置正确，确保无渗漏油。

c. 连接法兰的密封面应平行和同心，密封垫均匀压缩 1/3（胶棒压缩 1/2）；连管和碟阀的法兰密封面应平整无漆膜、无锈蚀、无划痕。

d. 调试时先打开下碟阀开启至 1/3 或 1/2 位置，排气塞出油后打开上蝶阀，最后将上下蝶阀全部打开。

e. 整组冷却器调试时，应确保冷却器运转平稳、无异常声响、转动方向正确，各部件密封良好、无负压、不渗油，风机和油泵负载电流没有明显的差异。

f. 油流继电器的指针指示正确、无抖动，微动开关信号切换正确稳定，接线盒盖应密封良好。

g. 进行冷却装置联动试验，主供、备供电源投切正常；在冷却器故障状态下备用冷却器应能正确启动；依次开启所有油泵，延时间隔应在 30s 以上，不应出现气体继电器和压力释放阀的误动。

h. 拆装前后应确认蝶阀位置正确。冷却器拆后各封口应封闭良好。

5. 非电量保护装置检修

（1）指针式油位计更换。

1）安全注意事项。

a. 应注意与带电设备保持足够的安全距离，准备充足的施工电源及照明。

b. 使用高空作业车时，车体应可靠接地，高空作业应按规程使用安全带，安全带应挂在牢固的构件上，禁止低挂高用。

c. 严禁上下抛掷物品。

2）关键工艺质量控制。

a. 连杆应无变形折裂、伸缩灵活，浮筒完好无漏气和变形。

b. 拆卸表计时，应先将油面降至表计法兰面最低点以下，再将接线盒内连接线拆除。

c. 齿轮传动机构是否转动灵活。转动主动磁铁，从动磁铁应同步转动正确。

d. 复装时摆动连杆时，指针从最低到最高位置应摆动 45°，否则应调节限位块。

e. 当指针在极限油位时报警信号应能够正确动作，如出现报警异常则应对开关或凸轮位置进行调节。

f. 连接二次信号线检查原电缆应完好，回装密封应良好。

（2）更换气体继电器。

1）安全注意事项。

a. 切断气体继电器直流电源，断开气体继电器二次连接线，并进行绝缘包扎处理。

b. 应注意与带电设备保持足够的安全距离，准备充足的施工电源及照明。

c. 高空作业应按规程使用安全带，安全带应挂在牢固的构件上，禁止低挂高用。

d. 严禁上下抛掷物品。

2）关键工艺质量控制。

a. 继电器应校验合格后安装。

b. 继电器上的箭头应朝向储油柜。

c. 复装时确保气体继电器不受机械应力，密封良好，无渗油。

d. 波纹管朝向储油柜方向应有 1%～1.5%的升高坡度。气体继电器应保持基本水平位置。室外使用的继电器的接线盒应有防雨罩或采取有效的防雨措施。

e. 调试气体继电器时，先将气体继电器内的气体排净，通过按压探针发出轻瓦斯、重瓦斯信号，检查后台显示是否正确。调试完成后进行复归。

f. 连接二次电缆应无损伤、封堵完好。

g. 拆装前后应确认蝶阀位置正确。

（3）更换电阻（远传）温度计。

1）安全注意事项。

a. 断开二次连接线。

b. 应注意与带电设备保持足够的安全距离，准备充足的施工电源及照明。

c. 高空作业应按规程使用安全带，安全带应挂在牢固的构件上，禁止低挂高用。

d. 严禁上下抛掷物品。

2）关键工艺质量控制。

a. 电阻应完好无损伤。

b. 应由专业人员进行校验，全刻度±1.0℃。

c. 应由专业人员进行调试，采用温度计附带的匹配元器件，并保证与远方信号一致。

d. 变压器箱盖上的测温座中预先注入适量变压器油，再将测温传感器安装在其中，并做好防水措施。

e. 连接二次电缆应无损伤、封堵完好。

（4）更换压力释放装置。

1）安全注意事项。

a. 断开二次连接线。

b. 应注意与带电设备保持足够的安全距离，准备充足的施工电源及照明。

c. 高空作业应按规程使用安全带，安全带应挂在牢固的构件上，禁止低挂高用。

d. 严禁上下抛掷物品。

2）关键工艺质量控制。

a. 压力释放装置需经校验合格后安装。检查护罩和导流罩，应清洁。各部连接螺栓及压力弹簧应完好，无松动。微动开关触点接触良好，进行动作试验，微动开关动作应正确。

b. 按照原位安装，依次对角拧紧安装法兰螺栓。

c. 安装完毕后，打开放气塞排气。

d. 连接二次电缆应无损伤、封堵完好。

e. 拆装前后应确认蝶阀位置正确。

6. 器身检修

（1）通用部分。

1）安全注意事项。

a. 起重设备的吨位要根据变压器钟罩（或器身）的重量选择，起吊用钢丝绳的夹角不应大于60°，并应设置专人监护。起重工作应分工明确，专人指挥。

b. 起重前先拆除影响起重工作的各种连接件。

c. 起吊或落回钟罩（器身）时，四角应系缆绳，由专人扶持，使其保持平稳。

d. 吊装应按照厂家规定程序进行，选用合适的吊装设备和正确的吊点。

e. 钟罩（器身）应吊放到安全宽敞的地方。

f. 进入变压器油箱内检修时，需考虑通风，防止工作人员窒息。

g. 应注意与带电设备保持足够的安全距离。

2）关键工艺质量控制。

a. 检修工作应在晴天时进行，空气湿度应不大于 75%。如相对湿度大于 75%时，应采取相应的必要措施。

b. 主变压器大修时器身暴露在空气中的时间：

a）空气相对湿度小于等于 65%为 16h；

b）空气相对湿度小于等于 75%为 12h。

c. 器身检查应由专人进行，戴清洁手套，穿着专用检修工作服和鞋，进行检查所使用的工具应由专人保管，并进行统一登记。使用的工器具应用绳索或其他方法固定在手上。

（2）绕组。

1）安全注意事项。

a. 进入变压器油箱内检修时，需考虑通风，防止工作人员窒息。

b. 上、下主变压器用的梯子应由专人扶住或用绳子扎牢，梯子不能搭靠在线圈、变压器围屏及绝缘支架上。

2）关键工艺质量控制。

a. 外观整齐清洁，导线及绝缘无破损。

b. 垫块应无松动和位移情况。

c. 油道应保持畅通，无油垢及其他杂物积存。

d. 检修人员在进入变压器内后，应避免踩踏支撑件、夹持件，避免遗留工器具和物品。

e. 整个绕组无位移、倾斜，导线辐向无明显弹出现象。

f. 检查并确定绝缘状态。绝缘状态在三、四级及以下，不宜进行预压（绝缘分级参见 DL/T 573—2010《电力变压器检修导则》中的 11.2 条）。

g. 绕组应清洁，无变形、无油垢、无放电痕迹和过热变色。

h. 围屏应清洁并绑扎应紧固，分接引线出口处封闭良好。

（3）引线及绝缘支架。

1）安全注意事项。进入变压器油箱内检修时，需考虑通风，防止工作人员窒息。

2）关键工艺质量控制。

a. 进入变压器内检修人员，应避免踩踏支撑件、夹持件，避免遗留工器具和物品。

b. 螺栓紧固。

c. 引线与各部位之间的绝缘距离应符合要求。

d. 绝缘夹件固定引线处应加垫附加绝缘。

e. 绝缘固定应可靠，无串动和无松动。

f. 绝缘支架应无裂纹、无破损、无烧伤及弯曲变形。

g. 引线长短应适宜，不应有扭曲和应力集中。

h. 接头表面应平整、光滑，无毛刺、过热性变色。

i. 引线应无断股损伤。

j. 引线绝缘的厚度及间距应符合有关要求。

k. 引线绝缘应完好，无变色、无变形、无断股、无起皱、无破损、无变脆。

（4）油箱及管道。

1）安全注意事项。进入变压器油箱内检修时，需考虑通风，防止工作人员窒息。

2）关键工艺质量控制。

a. 胶垫接头粘合应牢固，并放置在油箱法兰直线部位的两螺栓的中间。

b. 装配完成后整体内施加 0.035MPa 压力，保持 12h 不应渗漏。

c. 管道内部应清洁、无堵塞、无锈蚀现象。

d. 进入变压器内检修人员，应避免踩踏支撑件、夹持件，避免遗留工器具和物品。

e. 定位装置不应造成铁芯多点接地。

f. 磁（电）屏蔽装置固定牢固，接地可靠，无放电痕迹。

g. 油箱内部应洁净，漆膜完整，无锈蚀、无放电现象。

h. 油箱外表面应洁净，漆膜完整，无锈蚀，焊缝无渗漏点。

（5）真空热油循环。

1）安全注意事项。

a. 滤油机必须接地，滤油机管路与变压器接口可靠连接。

b. 严禁使用麦氏真空表进行抽真空，以水银吸入主变压器本体。

c. 为防止抽真空时真空泵发生故障或停用等情况，抽真空设备应装设有止回阀或缓冲罐以防止意外情况发生。

2）关键工艺质量控制。

a. 上层油温不得超过 85℃。

b. 干燥过程中应每间隔 2h 检查并记录绕组的绝缘电阻、铁芯和油箱等各部真空度、温度。

（6）吊装钟罩（器身）。

1）安全注意事项。

a. 起重设备的吨位要根据变压器钟罩（或器身）的重量选择，并应设置专人监护；起重工作应分工明确，专人指挥。

b. 落回或起吊钟罩（器身）时，四角应系好缆绳，由专人负责，使起吊过程其保持平稳。

c. 起重前应先拆除钟罩上的各种连接件。

d. 吊装应按照厂家规定程序进行，选用合适的吊装设备和正确的吊点。

e. 钟罩（器身）应吊放到安全宽敞的地方。当钟罩（器身）安装过程中，起吊后不

能移动而需在空中停留时，应采取支撑等防止坠落措施。

2）关键工艺质量控制。

a. 吊罩（芯）前应把变压器内的油排尽。

b. 排油前应先松开或拆除储油柜上部的放气螺栓或放气阀门。

c. 排油用的油泵、金属管道等均应接地良好。

d. 吊罩前应将必须拆除的接头统一拆除，拆除附件定位销及连接螺栓。

e. 装配前应确认所有组、部件均符合技术要求，并用合格的变压器油冲洗与油直接接触的组、部件。

f. 套管与引线连接后，应保证套管不受过大的横向力。

g. 装配时，应按图纸装配，确保各组、部件装配到位，固定牢靠。确保各种电气距离符合要求。

h. 应保持油箱内部的清洁、无异物，禁止有杂物掉入油箱内。

i. 变压器内部的引线、分接开关连线等不能过紧。

j. 所有连接或紧固处均应用锁母或备帽紧固。

k. 确认全部等电位连接牢固。

l. 装配完成后整体内施加压力 0.035MPa，12h 保持不应渗漏。

7. 排油和注油

（1）排油。

1）安全注意事项。

a. 合理安排排油所需工器具放置位置，保证施工的便利性并与带电设备保持足够的安全距离。

b. 注意在起吊油罐作业过程中要做好相关安全措施。

c. 主变压器不停电时排油时，应申请停用主变压器重瓦斯保护。

2）关键工艺质量控制。

a. 对变压器进行排油时，应将变压器及油罐的排气阀打开，必要时可接入干燥空气装置进行排油。

b. 有载分接开关的油应另外准备油泵进行排油，排出的油应分开存放。

（2）注油。

1）安全注意事项。

a. 合理安排排油所需工器具放置位置，保证施工的便利性并与带电设备保持足够的安全距离。

b. 主变压器不停电时注油时，应申请停用主变压器重瓦斯保护。

2）关键工艺质量控制。

a. 抽真空前应关闭储油柜蝶阀，本体与有载分接开关应安装连通管。注油后应予拆除恢复正常。

b. 110（66）kV 及以上变压器必须进行真空注油，真空度按相应标准执行，如厂家有特殊要求应按厂家要求执行。

c. 220kV 及以上胶囊式储油柜的旁通阀，抽真空时打开，注油完成后须关闭。

d. 开始抽真空后，应对变压器的器身进行检查，确保器身的局部变形不超过箱壁厚度的 2 倍。

e. 当真空度抽至指定数值时，保持 2h 以上后可以开始注油。

f. 用油泵以 3～5t/h 的速度将油注入变压器，当变压器油距箱顶约 200～300mm 时应停止注油，并继续抽真空 4h 以上。

g. 变压器的储油柜如不是全真空设计，抽真空时应将连通变压器和储油柜的阀门关闭；变压器的储油柜如为全真空设计，抽真空时可将连通变压器和储油柜的阀门打开一并抽真空。

h. 储油柜不是全真空设计的变压器在进行补油时，应从储油柜的注油管进行补油，禁止从变压器底部阀门注入。

i. 对套管升高座、上部管道孔盖、散热片、低压套管顶部、气体继电器等上部的排气孔应进行多次排气，直至排尽为止。

j. 补油。

a）隔膜式储油柜补油：注油前应将隔膜上部的气体排除。由注油管向隔膜下部注油，油位略高于指定油位，待油注好后再次排除隔膜上部的气体，最后调整达到指定油位。

b）胶囊式储油柜补油：由注油管将油注满，直至排气孔出油为止。从储油柜排油管排油至油位计额定位置。

c）内油式波纹储油柜：注油过程中，时刻注意油位指针的位置，边注油边排气，调整达到指定油位。

d）外油式波纹储油柜：注油时观察油位指示，当油位指示至额定位置时，关闭呼气口阀门，打开排气口阀门，直至排气口出油，关闭排气口，停止注油。

2.5 变压器典型案例分析

2.5.1 变压器检修试验典型案例分析一

1. 运检人员现场自行检查处理情况

11 时 02 分，监控当值值班人员电告：××变电站 2 号主变压器有载压力释放告警动作。

11 时 45 分，当值运检员赶到××变，对现场设备进行检查，检查监控后台“#2 主变有载压力释放”光字牌点亮，保护屏“有载压力释放”灯亮。现场检查 2 号主变压器有载压力释放阀（见图 2-2）未动作，压力释放阀无喷油迹象，油温、油位及有载呼吸器检查无异常。

220kV ××变电站 2 号主变压器为正常运行状态，2 号主变压器本体、有载压力释放均投信号。2 号主变压器上次检修试验数据合格。

13 时 50 分，运检人员测量 2 号主变压器本体端子箱到 2 号主变压器保护屏间电缆对地绝缘是否良好，经检查测量 2 号主变压器本体端子箱到 2 号主变压器保护屏间电缆对地电阻在正常范围内，在 2 号主变压器本体端子箱测量绝缘电阻，发现 2 号主变压器有载压力释放阀到本体端子箱之间的绝缘不良。

15 时 45 分，运检人员检查发现 2 号主变压器有载压力释放阀辅助开关节点严重受潮、密封胶片严重老化，将节点解体、接触铜片表面锈蚀部位清理干净，并长时间烘干处理后重新安装，信号仍然无法复归。

图 2-2　2 号主变压器有载压力释放阀铭牌

通过运检人员初步检查并按常规处理后缺陷无法复归，因此联系专业检修人员进场进行专业处理，免去了常规缺陷的重复性处理时间，解放专业人员人力，处理更加疑难的缺陷。从而设备状态管控力增强，设备缺陷隐患管控更有成效。通过对缺陷隐患的发现、检修消缺流程压减，明显扭转了历年来缺陷遗留总数不断上升的趋势。以图 2-3 为例，缺陷总遗留数相比往年明显下降，改变了成立之前的不断累积的趋势，实现稳步下降。

图 2-3　运检合一后缺陷遗留数明显下降

2. 专业检修人员现场处理措施

随后，专业检修人员携带备品更换有载压力释放装置电接点开关并更换防雨罩后，恢复正常。根据对 2 号主变压器有载压力释放阀检查结果判断，2 号主变压器有载压力释放阀动作发信的原因是原防雨罩面积偏小，防水效果欠佳，且有载压力释放阀内部密封圈老化破裂，导致水汽进入有载压力释放阀节点内部，节点受潮、内部接触铜片锈蚀、接线端子生锈，引起误发信。

2.5.2　变压器检修试验典型案例分析二

1. 背景

运检室为了进一步促进深入推进实施“运检合一”方针，加快“一岗多能”复合型技能人才的培养，以及满足运检岗位员工自身技能水平快速提升，促进检修与运维人员工作上更加密切配合的需求，在各级领导的大力支持及引导下，开展××变电站主变压器安装施工培训，此次培训由运检室资深检修内训师主讲，参培人员涉及变电检修一班、变电运检班、变电运维班及县公司的运检人员。此次培训运检人员（原运维人员）实际参与主变压器安装全流程，不仅掌握了很多检修技能知识，深入认识主变压器各个结构的原理与细节，更重要的是打开了思路，从一个崭新的视角看待平时许可出去的工作，更加清楚地认识到作为设备主人应当把控的关键点，以及运检合一继续推进下去需要重点落实的工作。

2. 缺陷概况

11:00 时运检人员巡视发现××变电站 2 号主变压器 110 千伏侧严重漏油，地面有明显油迹（见图 2－4），经变检现场检查为 35kV 套管升高座手孔板处漏油（2～3 滴/s，没有呈现线状滴油，中间有间断），如图 2－4 所示。

图 2－4　现场漏油情况

3. 运检人员初步原因分析及处理

运检人员在巡视中发现问题并根据运维班巡视记录反馈例行巡视工作情况，未发现该主变压器有渗漏油情况。同时近期班组针对高温负荷加强设备特殊巡视工作，通过对视频系统历史记录调阅，可以看出运维人员对 2 号主变压器开展特殊巡视，且主变压器区域地面无漏油痕迹。因此判定为新出的缺陷。

运检人员通过前期运检合一培训，立即根据学习的主变相关结构原理展开分析。改主变压器由于 2 号主变压器缺陷发生时油漏速度较快，而发现缺陷时主变压器表计油位尚处中间正常位置，可以判断非长时间漏油。初步判断 2 号主变压器漏油部位密封圈安装阶段工艺控制不到位未落槽，随着油温和压力的上升，密封件突然移位或断裂使密封失效，造成突发漏油。

随后由于主变压器本体油位下降，若引起更大缺陷后果不堪设想，因此立即组织开展以下相关工作：

（1）经变电运检人员带电补油，已经将主变压器本体油位从 5 格补油至 7 格。

（2）消缺前运维班内部加强设备特殊巡视，利用巡检机器人实时跟踪油位情况，和主变压器套管红外测温。

以上工作较以往联系传统检修人员进站处理，明显提升了工作效率，减少了车辆与人力资源，特别是减少了工作环节，加快了缺陷处理进度。紧急处理完成后，立即与专业检修人员联系分享前期检查信息，免去了缺陷的重复性处理时间，解放专业人员人力。

4. 专业检修人员缺陷处理

运检人员于晨 4 时至 8 时对××变电站 2 号主变压器该漏油缺陷进行停电处理。经专业检修人员现场检查，漏油具体位置为 35kV 套管升高座手孔封板右上角，检查该封板一圈螺丝均紧固无松动，取下该封板后发现，密封圈在落槽内整体无错位、无断裂，但漏油处密封圈已完全压扁，形变量过小，裕度偏小，如图 2–5 所示。经测量落槽的深度为 5.5mm，取下后的密封圈厚度为 7.0mm，密封圈材质为丙烯酸酯。

检修人员现场更换该密封圈（见图 2–6），厚度为 8.0mm，材质为丁腈橡胶，并用 25Nm 力矩对封板螺栓进行紧固，注油后观察无渗漏油，缺陷消除。同时运检人员现场全场配合工作，加快了缺陷的处理效率。

图 2–5 漏油位置密封圈

图 2–6 更换新的密封圈

5. 原因分析

经现场检查分析，35kV 套管升高座手孔封板落槽与密封圈尺寸不匹配是导致本次漏油缺陷的主要原因。原密封圈采用的丙烯酸酯材料，材质偏软，机械强度较差，装入落槽挤压后形变量小，裕度偏小，经过变压器运行油温和压力升高，导致密封面出现缝隙突发性漏油。而更换后的丁腈橡胶机械性能更好，更多地应用于变压器油封等场合；此外，35kV 升高座手孔封板尺寸过大，对加工工艺的要求较高，精度不满足要求也是漏油的原因之一。

6. 后续措施

（1）加强迎峰度夏期间对变压器的巡视工作，关注各密封件处有无渗漏油情况。

（2）要求变压器厂家加强对生产工艺的管控，特别注意各密封处的落槽和密封圈尺寸的匹配以及生产质量；原手孔封板尺寸过大，对加工工艺的要求较高，建议新主变更改设计，采用小尺寸手孔封板。

2.5.3 变压器检修试验典型案例分析三

1. 事件背景

15 时 31 分左右，35 千伏××变电站 1 号主变压器本体重瓦斯保护动作跳开主变压器二侧断路器，主变压器差动保护和高压后备保护均启动，但未出口；10kV 母分备自投装置动作，合上 10kV 母分开关，未造成符合损失。检查站内其他一次设备无异常，二次设备外观无异常，装置内部无异常告警。本案例中“运检合一”的优越性如下。

（1）检修试验状态管控力增强。在本次案例中，正是在“运检合一”模式下，通过运检人员共同全过程管控检修试验工作，在以往工作中涉及的专业交叉，管理职责交叉情况，得以迎刃而解。运维、检修人员专业技能逐渐融合，双方设备主人责任意识不断加强，强化变电设备全寿命周期管理。新模式统一了设备检修主人、运维主人职责，增强了运维、检修专业的协同性，围绕设备状态管控的“两面性”得到了统一，同时也在部门管理层面和现场运检人员层面均达到统一。在日常业务中，运检人员通过业务融合，灵活转换运维和检修的角色转换，使运维和检修业务不间断衔接。新模式消除了运维、检修职责壁垒，整合发现缺陷隐患、检修消缺双重职责，改变了以往变电运维室管发现、变电检修室负责处理，责任不集中等问题；合并了冗余流程，减少了循序等待、重复踏勘、重复验收等环节，提高了效率。在应急处置中，运检人员配合完成故障隔离、设备抢修、恢复送电的全过程，大幅缩短故障停电时间，显著提升供电可靠性。在缺陷管控方面，运检协同评估处理，信息得到及时传递，协调更为顺畅，处理效率明显提升。日常巡视升级为专业巡检，提高巡视的深度和精度，能更及时发现并处理设备异常，提高设备健康水平。可以明显扭转历年来缺陷遗留总数不断上升的趋势，达到发现数量未减少、消缺数量明显增加的目的。生产指挥中心 24h 在线，每日对缺陷进行分析，举一反三处置潜在设备隐患，定期分析促进继电保护专业管理，响应速度能够显著提高。

（2）故障应急处置能力增强。本案例中，在发现设备缺陷隐患后，生产指挥中心发挥前期研判优势，在故障前期研判、信息报送、过程管控、抢修评价等方面增强应急响应能力，提升向上级的信息报送速度。基于设备主人意识的增强，在应急抢修指挥过程中，运维、检修人员到达现场后第一波开展的信息收集、初步判断，给第一时间应急指挥提供支撑。在故障隔离和处置方案确定过程中，运维和检修，按安全且高效地完成抢修的同一目标，一盘棋，减少协调沟通量，减少重复踏勘和人力消耗，保障快速抢修、及时送电。

本次工作中，正是在“运检合一”机制下，建立了更高效的运检协同模式，首先沟通上，尤其是现场发现问题后，运检能够第一时间将现场情况以图片或视频的形式相互告知，便于问题分析、快速处置。其次打破原有运检专业交界面，在工作中各进“一步”效率高。运维人员现场见证检修过程关键环节，优化验收环节，避免重复操作，运检效率将显著提升。同时实行运维深度预判、运维配检等措施，及时处理突发问题，增加有效检修时间，保障检修质量，按时停、送电；在投产验收方面，运维和检修专业联合开展投产验收，提高验收协同性和质量效率。运维、检修以往两个专业之间的效率损耗，通过纳入同一单位后将明显减少。

2. 故障前系统运行方式

35kV××变电站 1 号主变压器跳闸前，35kV 侧分列运行，674 线送 1 号主变压器，1 号主变压器运行负荷 17.1MW，676 线送 2 号主变压器，10kV 母线分段运行，2 号主变压器运行负荷 13.3MW。故障前运行方式如图 2-7 所示。

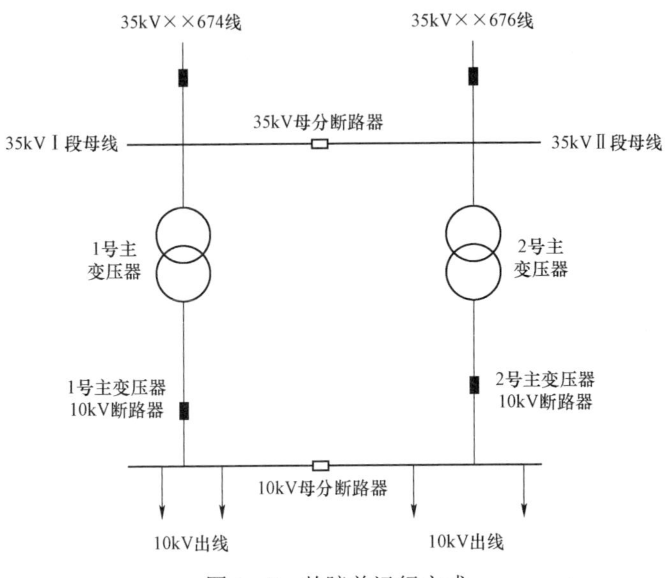

图 2-7 故障前运行方式

15:31:26.484，发生 A、B、C 三相短路故障，××变电站 1 号主变压器非电量动作跳开 1 号主变压器高低压侧断路器，随后××变电站 10kV 备用电源自投入装置动作，合上 10kV 母分断路器。故障后运行方式如图 2-8 所示。

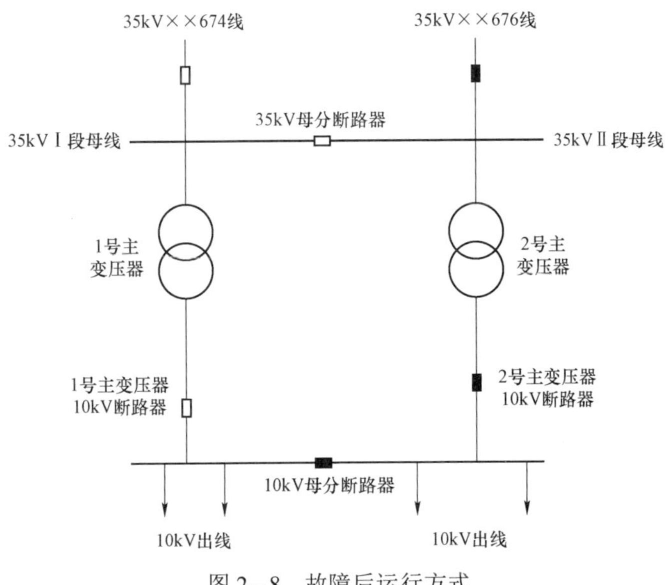

图 2-8 故障后运行方式

3. 故障设备信息

35kV××变电站 1 号主变压器型号：SZ11－25000/35。有载分接开关型号：SHZVIII－800Y/35B－10071W，所配过渡电阻：1.25Ω，开关切换次数：35 400 次。此型号开关属于真空有载分接开关。

4. 运检人员原因分析及处理

（1）保护装置试验检查。经厂家调取 1 号主变压器差动保护装置信息，根据 1 号主变压器保护启动报文显示，此次故障主变压器保护因判定为区外故障而未动作。具体记录如图 2－9 所示。

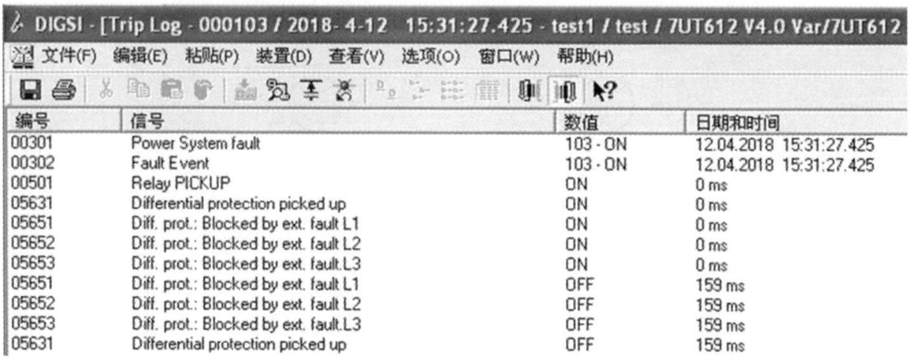

DIGSI - [Trip Log - 000103 / 2018- 4-12 15:31:27.425 - test1 / test / 7UT612 V4.0 Var/7UT612

文件(F) 编辑(E) 粘贴(P) 装置(D) 查看(V) 选项(O) 窗口(W) 帮助(H)

编号	信号	数值	日期和时间
00301	Power System fault	103 - ON	12.04.2018 15:31:27.425
00302	Fault Event	103 - ON	12.04.2018 15:31:27.425
00501	Relay PICKUP	ON	0 ms
05631	Differential protection picked up	ON	0 ms
05651	Diff. prot.: Blocked by ext. fault L1	ON	0 ms
05652	Diff. prot.: Blocked by ext. fault L2	ON	0 ms
05653	Diff. prot.: Blocked by ext. fault.L3	ON	0 ms
05651	Diff. prot.: Blocked by ext. fault L1	OFF	159 ms
05652	Diff. prot.: Blocked by ext. fault L2	OFF	159 ms
05653	Diff. prot.: Blocked by ext. fault.L3	OFF	159 ms
05631	Differential protection picked up	OFF	159 ms

图 2－9 具体记录

此外，该保护装置显示当月以来共启动 4 次，时间与 281 线电厂用户 4 次跳闸时间完全相符，保护装置均判为区外故障而未动作。

在充分检查保护装置状态后，运检人员对××变电站 1 号主变压器差动保护进行相关试验：电流回路经过电阻测量阻值均为 0.4Ω 左右，无松动或开路情况，电流回路接线良好；保护装置高低压侧经采样试验，采样正确；模拟主变压器内部故障情况，高压侧三相加 4A 正序电流（折算到一次值为 1600A），保护装置正确动作，差动动作信号灯亮，动作时间为 21ms。动作报文如图 2－10 所示。

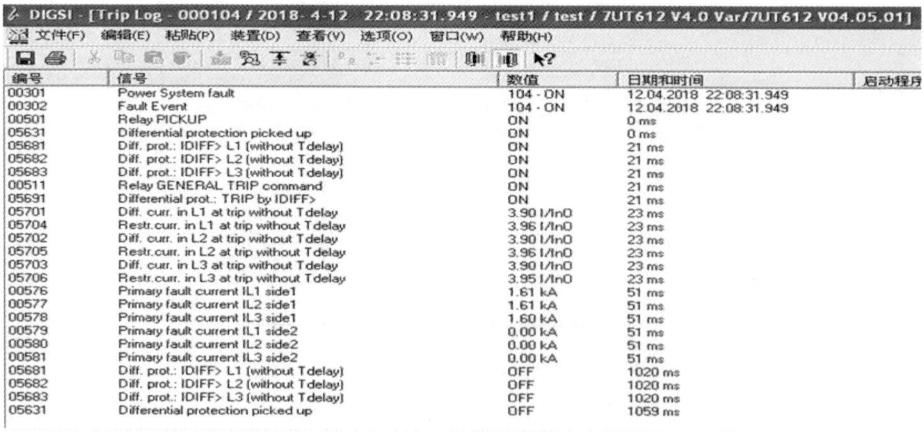

DIGSI - [Trip Log - 000104 / 2018- 4-12 22:08:31.949 - test1 / test / 7UT612 V4.0 Var/7UT612 V04.05.01]

文件(F) 编辑(E) 粘贴(P) 装置(D) 查看(V) 选项(O) 窗口(W) 帮助(H)

编号	信号	数值	日期和时间	启动程序
00301	Power System fault	104 - ON	12.04.2018 22:08:31.949	
00302	Fault Event	104 - ON	12.04.2018 22:08:31.949	
00501	Relay PICKUP	ON	0 ms	
05631	Differential protection picked up	ON	0 ms	
05681	Diff. prot.: IDIFF> L1 (without Tdelay)	ON	21 ms	
05682	Diff. prot.: IDIFF> L2 (without Tdelay)	ON	21 ms	
05683	Diff. prot.: IDIFF> L3 (without Tdelay)	ON	21 ms	
00511	Relay GENERAL TRIP command	ON	21 ms	
05691	Differential prot.: TRIP by IDIFF>	ON	21 ms	
05701	Diff. curr. in L1 at trip without Tdelay	3.90 I/In0	23 ms	
05704	Restr.curr. in L1 at trip without Tdelay	3.96 I/In0	23 ms	
05702	Diff. curr. in L2 at trip without Tdelay	3.90 I/In0	23 ms	
05705	Restr.curr. in L2 at trip without Tdelay	3.96 I/In0	23 ms	
05703	Diff. curr. in L3 at trip without Tdelay	3.90 I/In0	23 ms	
05706	Restr.curr. in L3 at trip without Tdelay	3.95 I/In0	23 ms	
00576	Primary fault current IL1 side1	1.61 kA	51 ms	
00577	Primary fault current IL2 side1	1.61 kA	51 ms	
00578	Primary fault current IL3 side1	1.60 kA	51 ms	
00579	Primary fault current IL1 side2	0.00 kA	51 ms	
00580	Primary fault current IL2 side2	0.00 kA	51 ms	
00581	Primary fault current IL3 side2	0.00 kA	51 ms	
05681	Diff. prot.: IDIFF> L1 (without Tdelay)	OFF	1020 ms	
05682	Diff. prot.: IDIFF> L2 (without Tdelay)	OFF	1020 ms	
05683	Diff. prot.: IDIFF> L3 (without Tdelay)	OFF	1020 ms	
05631	Differential protection picked up	OFF	1059 ms	

图 2－10 动作报文

另外，根据 C 检记录和保护装置动作记录，该装置在进行 C 检，检验合格。综上，可判断保护装置工况良好，反应正确。

（2）监控后台检查。15 点 31 分 27 秒，监控后台显示：1 号主变压器重瓦斯保护动作，1 号主变压器高、低压侧断路器分闸，再次之前执行过 1 号主变压器高压侧分接开关档位调档。故障时现场变压器分接开关档位在第 2 档，如图 2－11 所示。

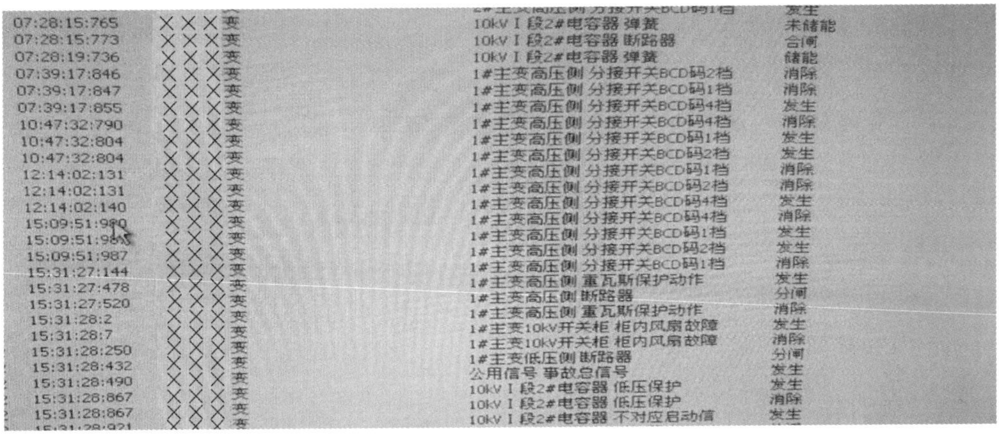

图 2－11　故障时现场变压器分接开关档位

（3）一次设备试验检查。

1）化学试验。故障方式当日立即组织对故障变压器取油样开展离线色谱分析，次日开展色谱复测，同时对有载分接开关油室内绝缘油取样开展色谱分析。本体色谱数据见表 2－2。

表 2－2　　　　**本 体 色 谱 数 据**　　　　μL/L

组分含量限值	H_2	CH_4	C_2H_4	C_2H_6	C_2H_2	总烃	CO	CO_2
1（上部）	409.17	60.96	72.40	4.73	153.25	291.34	823.48	4846.78
1（下部）	395.95	57.69	71.49	4.89	171.98	306.05	726.95	4767.42
2（上部）	463.23	70.85	97.00	5.90	213.28	387.03	873.78	5221.86
2（下部）	443.69	70.51	97.72	6.02	215.07	389.32	856.01	5190.65
3	19.59	14.41	3.53	2.01	0	19.95	966.13	5517.68

变压器本体油中溶解气体含量乙炔 C_2H_2 达到 153μL/L，氢气达到 409μL/L，总烃达到 291μL/L，严重超标，溶解气体标准为：C_2H_2 不大于 5μL/L，氢气不大于 150μL/L，总烃不大于 150μL/L，表明变压器内部存在超过 2000℃的放电故障部位；三比值为 102，故障类型为电弧放电，故障前后色谱中 CO 和 CO_2 含量没有明显变化，故障部位基本为裸金属放电，且不涉及固体和纸绝缘。

有载分接开关化学试验见表 2－3。

表 2-3　　　有载开关色谱试验　　　μL/L

组分含量限值	H_2	CH_4	C_2H_4	C_2H_6	C_2H_2	总烃	CO	CO_2
2	4189.45	465.56	1068.2	50.10	2052.18	3636.03	192.52	3021.01

微水：31.8mg/L。

介损：0.89%。

体积电阻率：0.204×1011Ω。

击穿电压：46.4kV。

该有载分接开关为真空型，目前在国标中未对真空有载分接开关运行绝缘油指标给予明确规定，但其色谱三比值也为 102，电弧放电类型，不符合真空分接开关在真空泡内灭弧、对绝缘油不构成较大污染的特点，有载分接开关油室内存在严重缺陷。

2）电气试验。开展绝缘电阻、吸收比、介质损坏、直流电阻、变比、低电压短路阻抗、绕组变形和分接开关切换试验。在分接开关切换试验中发现异常，其他试验均未见异常，如图 2-12 所示。

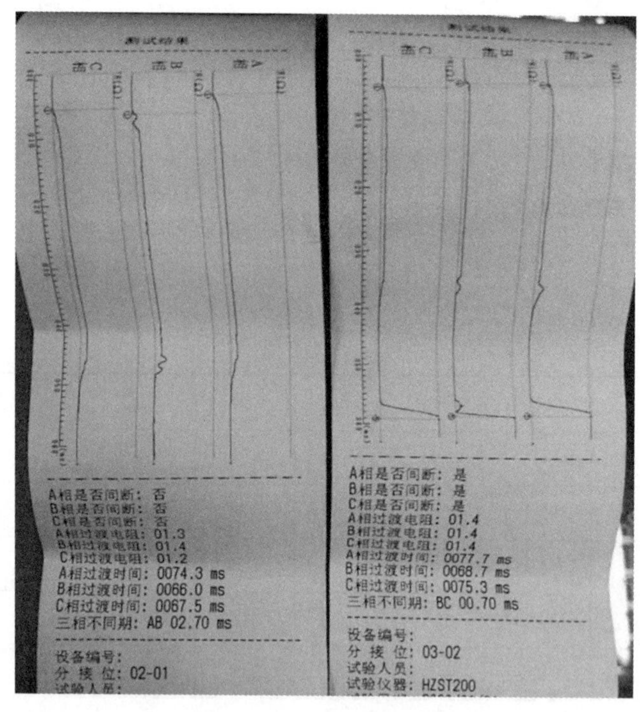

图 2-12　切换试验波形

切换波形不符合典型波形，切换过程中有“跌零”现象，表明分接开关在切换过程中有断流。

3）分接开关吊芯检查。对 1 号主变压器有载分接开关吊芯检查，发现分接开关室内绝缘油碳化明显，并形成油泥，绝缘油浑浊黑色，分接开关切换机构内三相主通流触指烧蚀，如图 2-13 所示。

4）本体吊检。对 1 号主变压器本体吊罩检查，发现位于变压器本体油室内的分接开关选择器内部分金属触头烧蚀，说明分接开关触头间发生飞弧，变压器绕组绝缘件、铁芯等部位表面吸附了金属粉粒，现场无法清除干净，变压器在现场无法彻底修复，需返厂工厂化检修。

图 2－13　主通流触指烧损严重

5）有载气体继电器检查。对 1 号主变压器有载分接开关气体继电器进行校验，各项数据均合格。

6）1、2 号主变压器分接动作次数检查。1、2 号主变压器为同期投产设备，两台主变压器各对应 10kV Ⅰ段、Ⅱ段母线长期运行，查阅两台主变压器自投入运行以来分接开关切换动作次数：1 号主变压器为 35 401 次；2 号主变压器为 16 391 次。

1 号主变压器分接开关切换次数远超过 2 号主变压器，表明 10kV Ⅰ段母线上有易引起电压波动的用户，用户侧的负荷频繁引发系统侧的电压调整。

7）疑似故障用户关联性检查。鉴于在 1 号主变压器重瓦斯保护动作前，281 线有异常情况，由营销部组织，运检部、调控中心、供抢中心协同配合对 281 线专线电厂厂内电力设施检查。

检查发现该用户 10kV 隔离变压器在 15 时 30 分左右保护动作调整，并且之前已发生过 3 次跳闸。现场查看其故障隔离变压器发现，该隔离变压器绝缘支撑件散落、部分环氧树脂受挤破损、线圈整体有位移、部分铁芯硅钢片脱落，但隔离变压器柜内未发现相间短路迹象，无烧蚀痕迹、无焦臭味，现象表明隔离变压器为受故障电流电动力累计冲击损伤，且隔离变压器非故障点，故障点在用户内部。

后继续检查发现，该用户内部架空线水泥杆横担下放为该公司供热管道排气口，检查时，高温蒸汽正从排气口排出，架空线横担处绝缘子和跌落式熔断器等部件外表面爬电非常明显，此处为该用户内部电力设施疑似故障点。

对比 281 线电厂用户 4 次跳闸时间，查阅了××变电站 1 号主变压器有载分接开关调档记录，存在着关联性：

某日 8 时 5 分隔离变压器跳闸，××变电站 1 号主变压器 8 时 5 分调档。

某日 0 时 28 分隔离变压器跳闸，××变电站 1 号主变压器 0 时 42 分调档。

某日 10 时 15 分隔离变压器跳闸，××变电站 1 号主变压器 10 时 17 分调档。

某日 15 时 30 分隔离变压器跳闸，××变电站 1 号主变压器 15 时 31 分调档。

5. 1 号主变压器返厂解体检查

××变电站 1 号主变压器在某变压器公司进行了解体检查。对变压器油箱、散热器等部件表面进行检查。检查部件表面是否存在变形、破裂、焊缝断裂现象，均未发现变形现象。

通过检查可以发现变压器器身部分存在金属颗粒存在，高压线圈纸筒可见纸筒局部破损，可见线圈套装工艺性较差。高压线圈辐向绕制偏松，工艺性差，短路电流通过时风险较大。高低压线圈可能因经受短路电流，超过变压器自身的抗突发短路能力，导致辐向变形。低压线圈出头焊接处绝缘碳化是因为受过高温，可能是焊接工艺不成熟造成，另一方面可能发热导致。积碳存在，可能导致油色谱分析的准确度偏低。平衡绕组出头处有接头现象，工艺较差。有载分接开关返厂解体检查。

6. 有载分接开关返厂解体检查

在生产企业内对该变电站 1 号主变压器有载分接开关进行解体检查。检查发现切换开关三相过渡电阻完好，机械转换触头没有拉弧痕迹，选择器触头动作到位，切换和选择开关绝缘完好。对切换开关进行解体检查时发现，切换开关三相双数触头全部烧损，快速机构凸轮盘键槽位置有断裂。对分接选择器解体检查时发现，分接选择器在 2 档位置，动触头烧损严重，电弧飞溅情况严重。

7. 故障原因分析

（1）直接原因。有载分接开关切换开关的动力是由凸轮盘通过键槽联结、从而带动切换转轴转动。由于分接开关凸轮盘的键槽存在质量缺陷，经过多次操作后慢慢开裂，快速机构经过弹簧储能压缩、释放后，没有足够的力使切换开关主触头合到正常工作位置，造成切换开关主触头拉弧烧损。随着分接开关切换次数的增多，凸轮盘的键槽裂口受力变大，切换开关主触头烧损情况也会随之加重。操作过程中形成的短路电流同时作用于分接选择器动触头及主变压器各级线圈上，造成分接选择器动触头拉弧烧损；主变压器线圈受电动力影响，线圈及绝缘部分均有轻微变形。在部分接头等薄弱部分，有绝缘碳化情况。随着分接开关动的频繁动作，缺陷累积越来越重。当达到某一临界点时，由于切换开关主触头接触未到位，形成强大的短路电流，短路电流通过导线，作用在分接选择器的动触头上，从而造成分接选择器触头拉弧烧损，进而造成该变电站 1 号主变压器本体重瓦斯保护动作。

（2）间接原因。281 线专线电厂厂内有疑似故障点，故障点绝缘不良引起隔离变压器多次跳闸、用户侧电压的不稳定等因素致使该变电站 1 号主变压器有载分接开关频繁动作。加剧了分接开关凸轮盘键槽的开裂程度，造成切换开关主触头拉弧烧损速度加快。

8. 后续工作安排

新主变压器运抵达××变电站现场准备投产。

组织开展 110kV 及以下变压器真空有载分接开关绝缘油取样诊断试验，试验内容包括油色谱、油耐压、油微水、油介损，责任单位具体负责排查工作，某公司配合，完成取样后送检，排查工作尽快完成。

对使用的真空有载开关排查数据情况提交某生产企业进行协同诊断分析。针对凸轮盘的开裂，要求厂家将该铸件委托第三方进行材料检验，并对零件的机械尺寸进行复测。并提供给某供电公司第三方检测材料报告以及详细分析报告。

第3章

断　路　器

3.1　断路器相关知识点

3.1.1　断路器的定义

断路器（俗称开关）是指能开断、关合和承载运行线路的工作电流，并在异常时能承载、在规定时间内开断和关合短路电流等的机械开关装置。

3.1.2　断路器的分类

（1）按断路器的灭弧介质可分为油断路器、压缩空气断路器、SF_6断路器、真空断路器等。

（2）按断路器的总体结构和其对地的绝缘方式不同可分为接地金属箱型（又称落地罐式、罐式）、绝缘子支持型（又称绝缘子支柱式、瓷柱式）。

（3）按断路器在电力系统中工作位置不同可分为发电机断路器、输电断路器和配电断路器。

（4）按断路器装设地点可分为户内式断路器和户外式断路器。

（5）按SF_6断路器的触头开距可分为定开距型SF_6断路器和变开距型SF_6断路器。

（6）按断路器所用操作能源形式可分为手动机构断路器、气动机构断路器、直流电磁机构断路器、弹簧机构断路器、液压机构断路器、电动机操动机构断路器等。

（7）按 SF_6断路器的灭弧特征来分，可分为压气式、自能式和混合式等。其中混合式包括“旋弧+热膨胀”“压气+热膨胀”等。

3.1.3　断路器的基本要求

1. 断路器的主要参数

（1）额定电压：指断路器长时间正常工作时的最佳电压，额定电压也称为标称电压。

（2）额定频率：指在交流变压器电流电路中1s内交流电所允许而必须变化的周期数称额定频率。

（3）额定绝缘水平：指断路器在规定的标准大气条件下，相对地间、断口间、相间，耐受各种电压的能力。

（4）额定电流和温升：额定电流指断路器长时间正常工作时的最佳电流；温升指断路器的各个部件高出环境的温度。导体通流后产生电流热效应，随着时间的推移，导体表面的温度不断上升直至稳定的温差。

（5）额定短时耐受电流：指在规定的短时间内，断路器能承受电流的有效值。它的大小等于额定短路电流。一般也被称为热稳定电流。

（6）额定短时持续时间：合闸状态下，断路器所能承载的额定短时耐受电流的时长。

（7）额定峰值耐受电流；指断路器在合闸位置所能耐受的额定短时耐受电流第一个大半波的峰值电流，等于额定短时关合电流。一般被称为动稳定电流。

（8）额定短路开断电流；指开关极限断开电流的最大能力。

（9）额定短路关合电流；指合闸时短路电流的绝限能力。

（10）额定异相接地的开合试验。

（11）操作和灭弧用压缩气体源的额定压力。

（12）操动机构、辅助回路及控制回路的额定电源频率。

（13）操动机构、辅助回路及控制回路的额定电源电压。

（14）噪声及无线电干扰水平。

2. 断路器型号及其含义

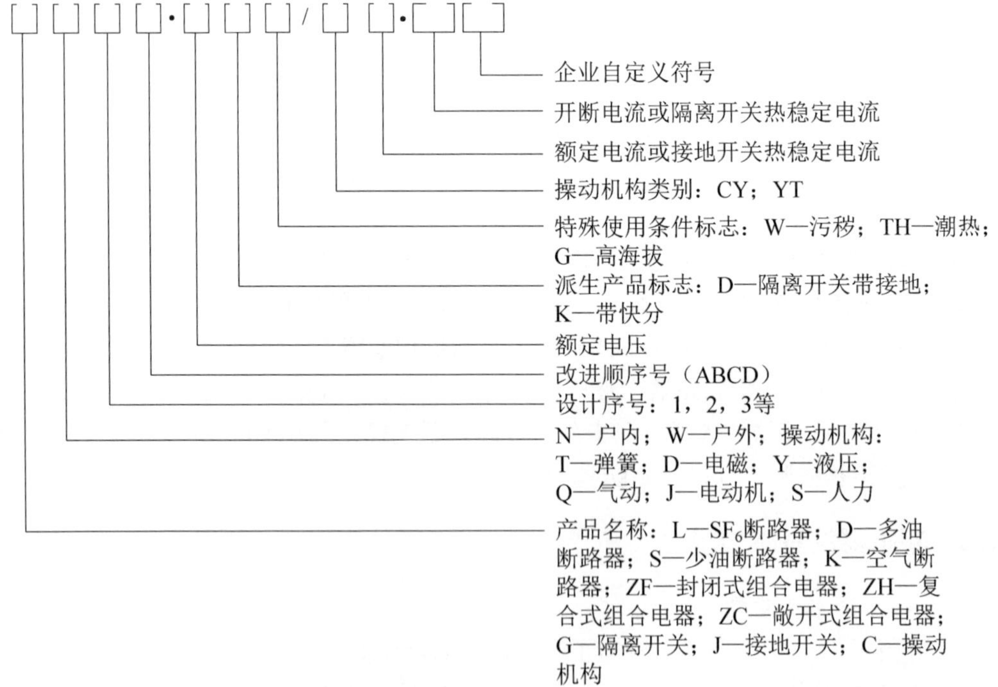

3.2 断路器设计要点

（1）断路器的断流能力校核时宜以断路器实际开断时间（主保护动作与断路器分闸时间之和）的短路电流为准。

（2）110kV 及以下断路器的额定短时耐受电流持续时间为 4s，220kV 及以上断路器的额定短时耐受电流持续时间为 2s。

（3）关于断路器首相开断系数，当断路器用于 110kV 及以下的中性点非直接接地的系统中时应取 1.5，当断路器用于中性点直接接地或经小阻抗接地的系统时取 1.3。

（4）断路器的额定电流和额定电压，应满足断路器运行中可能遇到的所有负荷电流和系统的最高电压。

（5）断路器的额定关合电流选取应满足短路电流最大冲击值，即第一个大半波电流峰值。

（6）当断路器可能经受的短路电流直流分量不足断路器额定短路开断电流的 20%时，则仅由交流分量表征短路开断电流，其直流分断能力不需校验。若该直流分量超过 20%时，应在技术协议书中明确所要求的直流分量百分数。

（7）电气制动回路中的断路器，当用于为提高系统动稳定，其合闸时间宜小于 0.04～0.06s。

（8）对于操作频繁的回路，如担负调峰任务的水电厂、蓄能机组、并联电容器组等，其断路器应满足频繁操作要求。

（9）断路器二次回路应非 RC 加速设计。

（10）在 330kV 及以上系统中，应根据 DL/T 620 的关于操作过电压倍数的要求选择断路器。

（11）对于要求快速切除故障的 110kV 以上系统，断路器分闸时间应小于 0.04s，断路器应能分相操作以满足单相重合闸或综合重合闸的要求。

（12）断路器若用于开断串联电容补偿装置时，其对地绝缘应参考线路额定电压，其断口电压取决于该串联补偿装置的容量。

（13）断路器用于切合并联补偿电容器组时，操作时的过电压倍数应进行校核，并设置必要的限制过电压的措施。35kV 及以上电容器组宜选用 SF_6 断路器或真空断路器，3～10kV 的串联补偿装置系统宜选用真空断路器或 SF_6 断路器。

（14）用于连接为互不联系的电源时，断路器的设计中应满足以下要求；当缺乏以下技术参数时，应要求制造部门进行补充试验。

1）断路器的额定反相开断性能须满足失步下操作时的开断电流；

2）断路器断口间绝缘水平须能满足断口另一侧可能的工频反相电压；

3）断路器同极断口间与对地的公称爬电比距之比取推荐 1.15～1.30；

4）作联络用途的断路器，其断口与对地的公称爬电比距之比不应低于 1.2。

（15）断路器还应校验近区故障条件下、异相接地条件下、失步条件下、容性电流下、小电感电流的开合性能，并校验二次侧短路开断性能。

（16）断路器接线端子应能够满足正常运行和短路情况下的机械负荷，其机械荷载参照 DL/T 5222 中的 9.2.15 要求值校核。

3.3 断路器验收要点

3.3.1 断路器验收分类

断路器的验收分为五个部分，分别是可研初设审查、厂内验收、到货验收、竣工（预）验收、启动验收。

3.3.2 可研初设审查

1. 验收要求

可研初设审查阶段，断路器相关专业技术人员应审核断路器选型是否满足电网运行、设备运维、反措等各项要求，涉及的资料主要有可研报告、初设资料等，相关技术指标包括选型涉及的技术参数、结构形式、安装处地理条件。审查时，应做好评审记录。

2. 验收内容

（1）断路器参数选型。断路器额定电流和额定电压应满足规划和工程需求，其额定短路开断电流选择应大于所在地点最大短路电流且保留裕度，额定短路持续时间取决于装设地点设备运行电压。若断路器应用于投切电容器组，则必须为 C2 级。断路器极柱和瓷套管外绝缘配置应符合污秽等级和海拔修正后的技术要求，户内与户外设备外绝缘防污闪配置级差不宜超过一级；绝缘子外绝缘配置应满足中性点不接地系统高于中性点接地系统至少一个等级，直至达到 e 级污秽等级的配置要求。断路器储能机构应优先选用弹簧机构、液压机构，以及弹簧储能液压机构。

（2）断路器附属设备。根据系统规划要求确定断路器电流互感器的变比，并以二次设备需求确定绕组配置个数、精度，二次绕组输出容量应取决于二次回路负载需求；进行系统过电压校核计算，以决定否选用合闸电阻以及合理配置合闸电阻阻值。对于严寒地区的断路器设备，选用能够满足设备安装地域环境要求的密度继电器、加热带、SF_6 气体等。

3.3.3 厂内验收

1. 断路器关键点见证

（1）验收要求。应逐批进行 500（330）kV 及以上电压等级断路器关键点的一项或多项验收，对 220kV 及以下断路器的首次入网或认为必要的一项或多项关键点进行验收，其见证方式可采用现场见证、厂家记录及监造记录查阅等方式。断路器厂内验收关键点的见证包括灭弧室装配、触头磨合、总体装配等。验收人员应及时将发现的质量问题和更改意见告知制造厂家、物资部门，并填写“出厂验收记录”，最终报送运检部门。

（2）验收内容。

1）组件验收。应核对断路器各组件的厂家、型号、规格，确保其与技术规范书或技术协议中的要求一致，各组件进厂验收、检验、见证记录齐全，并能提供各组件出厂试验报告、质量证书、合格证。

2）装配验收。

a. 灭弧室装配。断路器绝缘拉杆应采用“非螺旋式”连接结构，安装前应通过局部放电测试，其表面应清洁、无变形或损伤；灭弧室零部件外观应清洁，表面光滑无划痕，真空灭弧室外壳使用陶瓷材料；各零部件连接螺栓压接牢固，并符合力矩要求；真空断路器上应设有标记以反映真空开关触头磨损程度；各装配单元电阻测量值、触头开距等机械行程尺寸应满足产品设计要求；静、动触头圆角过渡圆滑，表面清洁无划痕或尖刺，镀银层无凸起、氧化；SF_6 灭弧室吸附剂固定牢固。

b. 合闸电阻及断口均压电容器。合闸电阻电阻片应完好无裂痕，其阻值符合相关规定，其辅助触头应经过至少 200 次的机械操作验证以确保磨合良好。断口并联均压电容器也应完好、无损，其电容值、介损及耐压应在组装前试验通过。

c. 触头磨合。为确保断路器主、辅触头充分磨合，应在出厂试验时进行至少 200 次的机械操作试验，并在之后确保内部彻底清洁后再进行其他检测，断路器回路电阻在该项试验前后应无显著变化。

d. 电缆。机构箱内二次电缆应采用阻燃电缆，截面积应符合产品设计要求。

e. 电流互感器。外置式电流互感器支持筒外壁及内置式电流互感器罐体内部支撑筒密封槽、内壁应清洁，无尖刺、棱角、磕痕，互感器的绕组应确保外观完好、无破损，标记清晰、准确，二次绕组出线端应搭接牢固。

f. 总装。总装前，应确保断路器内部的支撑绝缘子、盆式绝缘子局部放电试验合格。安装后，断路器各部位应可靠安装，螺栓应压接牢固，极柱及瓷套应无明显倾斜，在传动轴销及有相对运动的部件处涂足量润滑剂。SF_6 密度继电器应可不拆卸校验，SF_6 补气接口位置设置应满足带电补气需求，密度继电器所处运行环境温度应同断路器本体箱相当；SF_6 气体外置管路应合理布局，并可靠连接及转配合格的密封垫（圈）。

2. 出厂验收

（1）验收要求。

断路器出厂验收以外观、制造工艺、出厂试验过程和结果为主要验收对象，条件允许或必要时，可对断路器机械特性等出厂试验重要环节旁站见证，复验关键点见证期间存在的问题。运检部门根据试验标准和合同要求，查验物资部门提供的设备出厂试验方案、试验项目及顺序。出厂试验应在组部件组装完毕后进行。验收人员应及时将验收验收发现的质量问题告知物资部门、制造厂家，并提出整改意见。

（2）验收内容。

1）断路器外观验收。

a. 本体。断路器本体外观、瓷套表面应清洁、无裂痕，均压环无明显变形，瓷套与金属法兰胶接处应黏合牢固。断路器的一次端子引线无变形、无开裂，表面镀层无破损；

防爆膜无异常，泄压通道通畅。断路器铭牌齐全，参数正确、清晰。分合闸位置指示应符合标准要求，分、合闸指示牌应可靠固定并不发生位移。断路器 TA 接线应连接可靠。

b. 机构箱。断路器机构箱的外观清洁、无损伤、金属件无锈蚀、接地良好，箱门与箱体之间的接地线应采用多股软铜线；机构箱开合顺畅、密封良好，顶部应设防雨檐和双层隔热布局，防护等级至少为 IP44 级；机构箱内直流、交流电源应绝缘隔离设置，二次回路的接地应设专用接地排并符合规范，机构箱内若配有通风设备，应功能完善且形成对流。机构箱内空开、熔断器等元器件应标示齐全正确。

2）断路器试验及功能验收。

a. 交流耐压试验。在断路器交流耐压试验应在 SF_6 气体额定压力下开展，试验电压按订货合同或 GB/T 11022 相关要求执行。罐式断路器的交流耐压可与局部放电试验可同步开展，其在 1.2 倍 U_N 下局部放电量应满足厂家技术要求，同时应不高于 DL/T 617—2007 相关要求。对于电压等级 220kV 及以上的罐式断路器，还应通过正、负极性各 3 次的雷电冲击耐受试验。真空灭弧室真空度满足产品技术要求，真空断路器断口间的交流耐压试验电压应按产品技术条件的规定选取，以不应发生贯穿性击穿为合格条件。

b. 主回路电阻测量。应采用输出不小于 100A 的直流电流压降法进行测量，测试结果应符合产品技术条件。

c. 均压电容器、电流互感器及分合闸线圈。断路器若设置断口均压电容器，则应考核其绝缘电阻、电容量和介质损耗因数，试验结果符合产品技术规范。电流互感器二次引出端子应接线正确、紧固，结线组别和极性应正确，二次绕组绝缘电阻、直流电阻、误差、励磁特性等应符合产品技术条件。断路器分、合闸线圈直流电阻符合技术要求。

d. SF_6 密封试验。在断路器充气 24h 后采用检测灵敏度高于 1×10^{-6}（体积比）的 SF_6 检漏装置对断路器各密封、管道及接头等部位处进行密封检测；如有必要，实施局部包扎法检测。

e. 断路器辅助和控制回路。断路器辅助和控制回路应能耐受 2000V 的交流耐压 1min 不击穿，应能耐受 1000V 直流电压，绝缘电阻应符合厂家技术规定。

f. 断路器机械特性。断路器机构分合闸时间、分合闸同期性、速度特性都应满足产品技术规定，出厂试验比对机械特性行程曲线，并与参考曲线一致。测试合闸电阻断口对主断口的配合关系，合闸电阻的提前接入时间参照厂家规定。分、合闸脱扣器在低于额定电压 30%时不动作，其可靠分、合闸电压区间应符合相关技术标准。

g. 弹簧机构储能机构。弹簧机构储能接点应可靠接通、断开，弹簧储能位置指示正确。储能电动机应配有整定合格的超时、过流、热偶等保护元件，储能电动机应运行可靠、无异响，手动储能功能完善并与电动机储能可靠闭锁。合闸弹簧储能时间应满足制造厂要求，合闸操作后应在 20s 内完成储能，在 85%～110%的额定电压下应能正常储能。

h. 弹簧机构。弹簧机构应防空合操作，合闸弹簧储能后，储能电动机电源应通过行程开关切换直接控制，而非依靠扩展中间继电器接点来实现，牵引杆的底端或凸轮应同合闸锁扣可靠联锁。弹簧机构分、合闸闭锁应工作可靠、动作灵活，并且复位迅速、准确。

i. 液压机构。合理选择适合运行环境的液压油标号，液压油油位可通过明显的观察窗指示。油泵工作正常，油压发生欠压时能可靠启动，可靠建压，保护元件整定合格。液压机构压力表应便于读数观察，连接管路应洁净、无渗漏；油压不足时，机械、电气防止慢分装置应可靠工作。配置有慢分、合操作功能的机构，其工作缸活塞杆的运动不应出现卡阻；油泵或液压机构电机应具备1min内从重合闸闭锁油压升到额定油压和5min内压力从零升至额定压力的能力。机构打压超时应发出报警信号，液压回路压力不足时应可靠报警或闭锁断路器，并上传信号。液压机构24h保压试验应无异常。

j. 辅助开关。辅助开关应安装牢固，其性能应稳定、转换灵活、切换可靠。应合理配置断路器主触头动作时间与断路器合–分时间及操动机构辅助开关的转换时间。220kV及以上断路器合分时间应符合产品技术要求，同时满足电力系统安全稳定要求。机构与辅助开关间的连接应松紧适度、转换灵活。

k. 加热驱潮、照明装置

设置非暴露型加热元件，加热器与驱潮装置、控制元件的绝缘应良好，且与各元件、电缆及电线的保持足够距离。选用阻燃材料的温、湿度控制器等二次元件。温控系统能根据设定温、湿度投切加热驱潮装置。照明装置应正常工作。

3）其他。断路器及其操动机构动作应无异常，分、合闸指示无误，就地与远方操作转换无异常，防跳回路应可靠工作。当三相非联动断路器运行于缺相状态时，非全相装置能应可靠动作。非全相保护继电器若带有试验按钮时，应设置警示标志。

3.3.4 到货验收

1. 验收要求

到货验收应主要涉及设备清点、包装及外观检查等。验收人员应及时将发现的问题和整改意见告知制造厂家、物资部门，并填写“到货验收表”，最终报送运检部门。

2. 验收内容

（1）断路器外观验收

1）本体。断路器各部件应连接可靠，螺栓压接牢固；一次端子引线无变形、无开裂，表面镀层无破损；瓷套与金属法兰胶接处应黏合牢固；防水、防潮措施完备，设备无受潮；外观清洁无污损，油漆完整；断路器铭牌齐全，参数正确、清晰；根据运输协议，检查预充气体压力等。

2）组部件。到货的组部件及备件应齐全、合规，包装完好、密封良好，瓷套表面应无裂纹、无损伤，均压环应无变形，机构箱无磕碰划痕。随断路器一同到货的还应有备品备件、专用工具和仪表，上述材料应单独包装并标记明显，便于与其他设备相区别。备品备件的验收应与断路器相关组件验收标准一致，断路器安装预充 SF_6 等气体量应一次提供。

（2）技术资料。设备生产厂家应随设备提供如下资料：断路器出厂试验报告、型式试验和特殊试验报告、套管、密度继电器、绝缘拉杆、电流互感器、温湿度加热器等主要组件和材料的检验报告、断路器安装使用说明书，以及设备安装图、二次原理图及接线图等。

3.3.5 竣工验收

1. 竣工（预）验收

（1）验收要求。竣工（预）验收主要以设备外观、安装工艺、机械特性、信号等为验收对象。该阶段应检查断路器交接试验报告，如有必要可对交流耐压试验实施旁站见证，同时，应确认断路器出厂资料是否齐全。交接试验的开展项目和试验结果应符合相关技术标准，且与出厂试验的结果无明显差异。不同电压等级的断路器和组部件，交接试验项目资料应按照相应电压等级断路器的检查标准执行。

（2）验收内容。

1）本体外观。断路器本体及构架、机构箱外观应安装牢固，瓷套表面应清洁、无裂痕，均压环无明显变形，瓷套与金属法兰胶接处应黏合牢固。断路器的一次端子引线无变形、无开裂，表面镀层无破损；防爆膜无异常，泄压通道畅通。断路器铭牌齐全，参数正确、清晰。分合闸位置指示应符合标准要求，分、合闸指示牌应可靠固定并不发生位移。TA 接线应连接可靠，接线盒箱盖密封良好。设备基础无沉降、开裂。瓷套管、复合套管增爬伞裙完好，无塌陷变形，防污闪涂层完好，无剥离、破损现象。

2）SF_6气体系统。

a. SF_6 密度继电器。密度继电器安装于户外时应增设防雨罩，能够将密度继电器、控制电缆接线端子一同放入，防雨罩安装应考虑方便运行巡视。密度继电器所处运行环境温度应同断路器本体箱相当，且安装后应满足不拆卸校验的要求，断路器 SF_6 补气接口位置设置应满足带电补气需求。SF_6气体外置管路应合理布局，并可靠连接及转配合格的密封垫（圈）。按制造厂规定整定密度继电器报警、闭锁压力值，密度继电器就地读数与监应控后台一致。应查看充油型密度继电器是否存在渗漏。

b. SF_6气体管路阀系统。SF_6气体管路中的截止阀、止回阀应可靠工作并处于正确位置，截止阀应有清晰的关闭、开启方向及位置标示。断路器中的 SF_6 压力值应满足厂家技术规定。

3）操动机构。

a. 通用验收要求。操动机构固定牢靠，零部件齐全，转动部位涂抹适当的润滑脂，各种接触器、继电器、微动开关、压力开关、压力表、辅助开关和加热驱潮装置的动作应可靠，接点应接触良好；压力表应经出厂检验合格，并有检验报告，压力表的电接点动作正确可靠；操动机构的缓冲器应经过调整；采用油缓冲器时，油位应正常，所采用的液压油应适应当地气候条件，且无渗漏。操动机构分、合闸线圈的电磁铁动作应灵活、无卡滞。

b. 弹簧机构储能机构。弹簧机构储能接点应可靠接通、断开，弹簧储能位置指示正确。储能电动机应配有整定合格的超时、过流、热偶等保护元件，储能电动机应运行可靠、无异响，手动储能功能完善并与电动机储能可靠闭锁。合闸弹簧储能时间应满足制造厂要求，合闸操作后应在20s内完成储能，在85%～110%的额定电压下应能正常储能。

c. 弹簧机构检查。弹簧机构应防空合操作，合闸弹簧储能后，储能电动机电源应通过行程开关切换直接控制，而非依靠扩展中间继电器接点来实现，牵引杆的底端或凸轮应同合闸锁扣可靠联锁。弹簧机构分、合闸闭锁应工作可靠、动作灵活，并且复位迅速、准确。

d. 液压机构。合理选择适合运行环境的液压油标号，液压油油位可通过明显的观察窗指示；油泵工作正常，油压发生欠压时能可靠启动，可靠建压，保护元件整定合格。液压机构压力表应便于读数观察，连接管路应洁净、无渗漏。油压不足时，机械、电气防止慢分装置应可靠工作。配置有慢分、合操作功能的机构，其工作缸活塞杆的运动不应出现卡阻；油泵或液压机构电机应具备1min内从重合闸闭锁油压升到额定油压和5min内压力从零升至额定压力的能力。机构打压超时应发出报警信号，液压回路压力不足时应可靠报警或闭锁断路器，并上传信号。液压机构24h保压试验应无异常。

e. 辅助开关。辅助开关应安装牢固，其性能应稳定、转换灵活、切换可靠。应合理配置断路器主触头动作时间与断路器合–分时间及操动机构辅助开关的转换时间。220kV及以上断路器合分时间应符合产品技术要求，同时满足电力系统安全稳定要求。机构与辅助开关间的连接应松紧适度、转换灵活。

f. 其他。断路器及其操动机构动作应无异常，分、合闸指示无误，就地与远方操作转换无异常，防跳回路应可靠工作。当三相非联动断路器运行于缺相状态时，非全相装置能应可靠动作。非全相保护继电器若带有试验按钮时，应设置警示标志。

4）接地。

a. 本体。断路器本体接地应采用双引下线接地方式，接地体（接地铜排、镀锌扁钢）截面积符合设计规定，并采用专用的色标标识；接地引下线固定螺钉或螺栓应使用热镀锌工艺，接地引下线无锈蚀，焊接处应采取防腐、防锈蚀措施。

b. 控制电缆。连接至断路器就地端子箱的二次电缆的屏蔽层，应可靠与就地端子箱内等电位接地铜排连接。验收时，应检查二次电缆绝缘层，其外观无变色、无老化等。

5）其他。

a. 一次引线。断路器一次引出线应无扭曲、断股、散股现象，引线应松紧适当，导线的弧垂须符合设计规范的要求。在可能出现冰冻的地区，铝设备线夹安装角度朝上30°～90°时，应设置滴水孔。宜采用热镀锌螺栓进行断路器线夹连接，设备线夹材质与压线板不同时，不应使用铜铝对接过渡线夹，而应采用面间过渡安装方式。

b. 加热、驱潮装置。设置非暴露型加热元件，加热器与驱潮装置、控制元件的绝缘应良好，且与各元件、电缆及电线的保持足够距离。选用阻燃材料的温、湿度控制器等二次元件。温控系统能扣根据设定温、湿度投切加热驱潮装置。

2. 交接试验

断路器的交接试验，其目的在于确认断路器没有因运输和储存而损坏，确认现场安装和由调整工作决定的功能特征的是否完好，以及分装件的现场兼容性。需要注意的是，交接试验需在断路器安装结束，并完成所有的连接后方可实施，试验方法和试验结果应符合相应的交接试验标准或规范。

（1）安装后的检查。

1）常规检查包含且不限于：

a. 外绝缘良好；

b. 断路器及相关部件、系统的密封性；

c. 足够完整的接地连接，以及变电站接地系统连接的接口；

d. 操动机构，尤其是分、合闸动作脱扣器应无污损；

e. 油漆及其他防腐措施完好；

f. 设备相关控制回路图纸等二次图纸、断路器安装图、试验报告和使用说明书。

2）电路检查。断路器的电回路检查包含但不限于电气、信号回路与厂家或积水规范书中的设计图纸的一致性，信号装置的位置、报警、闭锁等功能是否齐全、准确；照明及加热驱潮装置功能的完整性、正确性。

3）绝缘及灭弧流体的检查。对于 SF_6 断路器，应对 SF_6 气体新气质量进行抽检，送至具备资质的检测机构进行全面的检测，对其余气瓶应检测气体含水量。待所有检测结果合格后，方可将气体充入断路器中。待静置一定时间后，还应检测 SF_6 气体含水量等，相关检测结果应达到技术要求。

4）现场操作。应确认完成相关技术标准要求的交接检查和试验的程序，并照国标要求另外实施不少于 50 次的操作试验。

（2）交接试验。

1）绝缘介质试验。

a. SF_6 气体。新的 SF_6 气体必须经具有 SF_6 气体质量监督资质的相应机构抽检合格后方可使用。应参照 GB/T 12022—2014 相关要求抽检 SF_6 气体气瓶，其余气瓶则只需检测 SF_6 气体含水量。SF_6 气体含水量的测定应根据不同电压等级在充气后一定时间后且环境相对湿度不大于 80%条件下进行，35～500kV 断路器应在充气 24h 后进行，750kV 断路器在充气至额定压力 120h 后进行。SF_6 气体含水量检测结果应符合相关规定。

b. 密封试验。采用 SF_6 检漏装置对断路器各密封处、管道及接头等部位检查密封性能，装置检测灵敏度应优于 1×10^{-6}（体积比），必要情况下实施局部包扎法检测。

2）SF_6 气体密度继电器校验。SF_6 气体密度继电器应校验合格后再安装于断路器，其动作值以及误差、变差均应在产品相应等级的允许误差范围内，以及产品技术条件。

3）电气试验。

a. 绝缘试验。应参照制造厂规定进行断路器整体绝缘电阻值的测量。

b. 主回路电阻。应采用输出不小于 100A 的直流电流压降法进行测量，测试结果应

符合产品技术条件。

c. 套管试验。在 2500V 直流电压下绝缘电阻值不应低于 1000MΩ，此外，复合套管还应实施憎水性试验。套管的交流耐压试验可连通断路器整体一同进行。

d. 交流耐压试验。

a）真空断路器。交流耐压应考核断口间、合闸后相对地和相间的耐受水平，耐压试验要求参照制造厂或 GB 50150—2016 相关技术要求。

b）SF_6 断路器。SF_6 断路器工频交流耐压试验应在 SF_6 气体额定压力下进行，耐压值应为 0.8 倍出厂耐压值。罐式断路器应进行断口间和合闸对地的耐压，且在 $1.2U_r/\sqrt{3}$ 电压下监测局部放电量。设有断口并联电容器的 500kV 定开距瓷柱式断路器，其耐压频率应符合 GB 50150—2016 相关技术要求。

c）罐式断路器局部放电量检测。罐式断路器可在耐压过程中进行局部放电检测工作，1.2 倍额定相电压下局部放电量应满足制造厂技术要求。

e. 断路器均压电容器的试验。断路器均压电容器试验（绝缘电阻、电容量、介损）应符合有关规定。断路器断口间均压电容器的极间绝缘电阻应高于 5000MΩ，其介质损耗因数应符合产品技术条件的规定，电容量测试值与额定电容值的偏差应控制在±5%以内。罐式断路器的均压电容器试验应符合制造厂规定。

f. 断路器机械特性测试。机械特性应在断路器的额定操作电压、气压或液压下进行。测量断路器主、辅触点的分、合闸时间，以及分、合闸的同期性，测试结果应符合产品技术规定。应记录设备的机械特性行程曲线，并与出厂时的机械特性行程曲线进行对比，比对结果应在参考机械行程特性包络线范围内。真空断路器应核查合闸弹跳时间。

g. 断路器的分、合闸速度测试。该试验应确保断路器处于额定气压或液压下进行，且所施加电压应为断路器额定操作电压。对于现场不能满足采样装置安装条件的断路器，该试验不强制执行。

h. 断路器合闸电阻。在断路器交接试验时，应测试断路器主触点与合闸电阻触点的时间配合关系。条件允许时，应测试合闸电阻的阻值。合闸电阻的提前接入时间可参照制造厂规定执行，一般为 8～11ms（参考值）。合闸电阻值与初值（出厂值）差应不超±5%。

i. 分、合闸线圈直流电阻应符合制造厂技术规定，应使用 1000V 绝缘电阻表测试其绝缘性能。

3.3.6　启动验收

1. 验收要求

断路器启动验收主要以外观检查、设备接头红外测温等为验收对象。验收人员应及时将验收发现的问题告知项目管理单位和施工单位，提出整改意见，对未能及时整改的内容以“工程遗留问题记录”反馈运检部门。

2. 验收内容

（1）外观验收。断路器瓷套管、复合套管运行应无正常、无电晕和放电声；密度继电器应指示在正常范围；断路器液压机构、弹簧机构储能正常，位置指示正确。

（2）红外测温。红外热成像测温未见断路器本体、接头过热现象。

3.4 断路器运检要点

3.4.1 “运检合一”模式下对断路器设备的日常管理规范

断路器是一种能够实现控制与保护的双重作用电器，是电网中最重要的控制和保护设备，也可以说是自动装置的执行元件。断路器种类很多，按不同灭弧介质分类有油断路器、空气（真空）断路器、六氟化硫（SF_6）断路器等，广泛用于电力系统的发电厂、变电站、开关站及用电线路上。断路器作为电力系统一个重要设备，其在电网安全运行中扮演着重要的角色，充分利用“运检合一”下“安全、优质、高效”的运检管理模式，制订断路器设备日常管理规范，能够大幅度的提高断路器设备相关业务的运作效率，同时也提高运检人员技能水平。

针对“运检合一”模式下对断路器设备的日常管理，主要从人员的职责明确、日常管理的职责规范及相关业务的执行流程规范三个方面进行阐述。

1. 断路器相关业务中人员职责明确

针对断路器设备日常相关运维检修工作，每项工作开展前制订相应的职责划分，明确运检人员的职责。例如在进行断路器机构大修等工程中，在管理部门统一部署下，成立“断路器设备运行维护工作组”“断路器设备检修工作组”“断路器设备主人工作组”，如图3－1所示。在设备运维及检修过程中，各组之间相互协调，运检人员灵活调配，同时充分发挥设备主人制，各专业相互融合，充分发挥各专业的优势，充分发挥员工个人潜能和提高运维检修工作的效率。

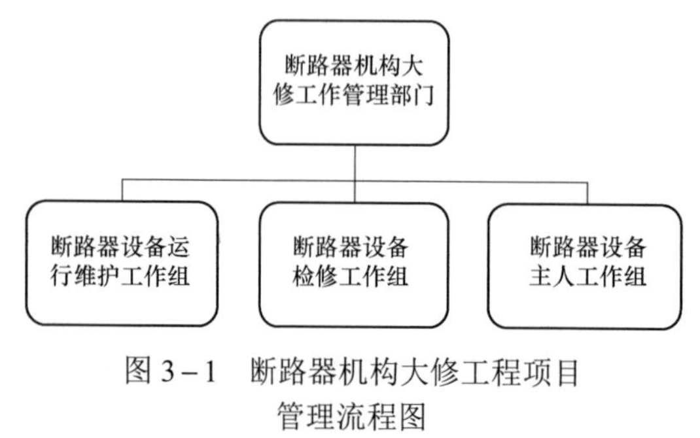

图3－1 断路器机构大修工程项目管理流程图

2. 断路器设备日常管理的职责规范

（1）断路器设备相关运维业务。

1）断路器设备出现的事故及异常情况的应急处置；倒闸操作；工作许可；设备主人制度的开展；断路器巡视；断路器相关维护等运维工作。

2）断路器设备出现的缺陷跟踪、隐患排查及分析等。

3）断路器设备台账、设备技术档案、断路器相关规程制度、图纸、相关备品备件及记录簿册的管理等。

4）断路器设备技改、大修、设备改造等工程的验收及工程的生产运行准备工作。

5）编制断路器设备相关运行规程、断路器典型操作票、一站一库、断路器事故处理预案。

（2）断路器设备相关检修、消缺。断路器等充油充气设备的补油、补气；断路器设备消缺，发热、漏油、漏气等缺陷的处理，断路器精确测温等工作。

3. 断路器设备相关业务的执行流程规范

（1）制订断路器设备的倒闸操作流程。

倒闸操作应严格遵守安全规程、调度规程和变电站现场运行规程。经上级部门考试合格、批准的运维检修人员，可进行断路器设备的倒闸操作。

（2）制订断路器设备的工作票流程。

工作票按照标准流程执行。运检人员承担工作票许可、终结、归档职责。

（3）断路器设备一般运维业务。断路器设备一般运维业务应包括设备巡视（特殊巡视）、日常维护、隐患排查、运维一体化、缺陷跟踪、应急响应及处置等工作。运检人员均应按照《变电五项管理规定》的要求执行断路器设备的运维业务。

（4）断路器设备检修、消缺业务流程。断路器设备检修工作中运检人员依据计划安排实施，并及时将实施情况反馈。断路器设备消缺工作由运检人员按要求正常上报缺陷，技术部门缺陷专职依据缺陷内容安排消缺。断路器设备常用备件由运检人员自备，特殊备品、备件由技术部门协调提供。

3.4.2 运行规定

1. 一般规定

（1）应对所在母线短路电流与断路器的额定短路开断电流进行校核，至少每年进行一次。若发生短路故障并已开断的断路器，其额定短路开断电流接近或小于所在母线短路电流值，则禁止强送电；此时，自动重合闸装置应停用，断路器就地操作应禁止。

（2）若断路器达到额定短路电流的开断次数时，应申请对其开展检修。

（3）断路器应具有完整、规范的运行编号、名称、铭牌。应有明显的相色标志，金属构架、底座接地应可靠。

（4）断路器应具有远方、就地两种操作方式。

（5）断路器的动作次数、开断故障电流的次数和每次短路开断电流应按相累计。

2. 断路器本体

（1）密度继电器安装于户外时应增设防雨罩，安装时应将密度继电器和控制电缆接线端子一同纳入，防雨罩安装应考虑方便运行巡视。

（2）应对照制造厂提供的温度－压力曲线，对不能进行温度补偿的 SF_6 气体密度继电器可与相同环境温度下的历史数据进行比较分析。

（3）SF_6 气体密度继电器所处运行环境温度应同断路器本体相当，以确保其报警、闭锁接点动作的正确性。

（4）应定期开展 SF_6 气体密度继电器进行校验。

（5）因压力异常而导致断路器闭锁时，禁止擅自解除闭锁及进行分、合闸操作。

（6）若断路器绝缘子爬电比距不满足当地的污秽等级，采取适当的防污闪措施。

（7）高寒地区应采取措施防止 SF_6 气体发生液化。

（8）采用未涂覆防污闪材料瓷套管的断路器，其瓷套管应“逢停必扫”；已涂防污闪涂料，则应在失效前复涂。

（9）定期检查断路器金属法兰与瓷件的胶装部位防水密封胶的完好性，若不满足相关要求，应重新涂防水密封胶。

3. 断路器操动机构

（1）采用液压或气动操动机构的断路器，其油、气系统不应渗漏，油位所处范围和压力值应符合制造厂规定。

（2）弹簧操动机构应设置完备的连锁于电动、手动储能之间。手动储能前应断开储能电源，且必须使用专用工器具。

（3）分、合闸脱扣器不应在额定电压的 30%时及以下动作，其可靠分、合闸电压区间应符合相关技术标准。

（4）运行中的空气压缩机排气、排水阀门应关闭，其他手动阀门应正常开启。空气压缩机及储气罐等连接管道或管路的阀门应处于正确位置。

（5）气动机构、液压机构不应出现频繁打压现象，若每日打压次数超厂家规定次数则应查明原因并及时处理。

4. 其他

（1）机构箱、汇控柜加热驱潮装置工作正常、投切可靠。

（2）应设置可自动投切的加热驱潮装置于机构箱、汇控柜，低温地区使用的断路器还应有设置保温措施。

（3）应定期对机构箱、汇控柜中的二次线缆除尘清扫。

5. 紧急申请停运规定

（1）若运行中的断路器遇到以下情况，运维人员须立即汇报当值调控人员并申请设备停运，并远离该断路器。

1）断路器导电回路发生严重过热或出现火花。

2）套管出现严重破损或存在明显的放电现象。

3）真空断路器的灭弧室有裂纹或放电声等异常现象。

4）SF_6 断路器本体出现较为严重的气体泄漏，断路器发操作闭锁信号。

5）少油断路器严重漏油，油位不可见。

6）少油断路器灭弧室内部有异响或出现冒烟现象。

7）多油断路器可肉耳听到内部爆裂声。

8）落地罐式断路器防爆膜变形或损坏。

9）液压或气动操动机构失去压力，储能弹簧已严重受损。

10）其他可根据现场实际情况，判定为须紧急停运的情况。

（2）若发生下列情况，不得试送已跳闸的断路器。

1）当值调控人员通知线路上存在带电检修工作。

2）断路器开断故障电流的次数达到临界开断次数。

3）断路器所在系统的母线短路容量大于或与断路器铭牌标称容量接近时。

4）线路为全电缆形式。

5）断路器因系统稳定控制、低频减载保护、联切装置及远切装置动作后。

3.4.3 巡视要点

1. 断路器例行巡视

（1）断路器本体。

1）断路器的本体外观应清洁，未见异物，无放电或无异常声响。

2）断路器外绝缘无破损、裂痕或放电现象，防污闪涂料应完好，增爬伞裙黏接应牢固。

3）断路器套管TA无变形、外壳密封条未脱落，无异常声响。

4）油断路器本体无渗油，油位计清洁，油位应正常。

5）断路器SF_6气体密度继电器指示正常、外观无破损或渗漏，防雨罩完好；分、合闸位置指示与实际状态一致。

6）断路器的传动轴销齐全，传动部件应无明显变形、锈蚀。

7）套管防雨帽无鸟巢、无蜂窝，无异物堵塞等。

8）断路器均压环连接紧固，无变形、锈蚀、破损。

9）两端引线线夹无松动、无裂纹、无变色现象；引线无散、断股现象，弧垂满足要求。

10）金属法兰连接螺栓无锈蚀、无松动、无脱落，法兰表面无裂痕，防水胶无异常。

（2）断路器操动机构。

1）断路器液压或气动操动机构的表计压力指示无异常。

2）断路器液压操动机构油位正常，油色应无明显变化。

3）断路器弹簧储能机构储能无异常。

（3）其他。

1）断路器机构箱、汇控柜箱门完好、无变形，密封良好，外观无锈蚀，机构箱锁具无异常。

2）接地引下线标志完好、醒目；其可见部分连接可靠、无锈蚀、无变形；接地螺栓紧固。

3）断路器支架无异物，无变形、无松动、无锈蚀；断路器基础构架无破损、开裂、下沉现象。

4）断路器铭牌、命名、编号应清晰、完备，相序标志清晰、无误。

5）以往遗留缺陷无显著发展。

2. 全面巡视

断路器的全面巡视，是在例行巡视范围以外新增部分巡视任务，以记录断路器液压（气动）操动机构压力、断路器动作次数、操动机构电机动作次数等运行数据和断路器氟化硫气体压力、油位等信息。

（1）断路器动作次数指示无异常。

（2）连接片投退位置正确，远方/就地切换把手位置正确。

（3）气动操动机构气水分离器功能良好，无渗漏油、无锈蚀；空压机运转正常、无异响，油位正常、油色无明显变化。

（4）液压、气动操动机构管道阀门及 SF_6 气体管道阀门位置指示无异常。

（5）弹簧操动机构的弹簧无裂纹、断裂或锈蚀。

（6）液压操动机构无渗油，油位无异常，各储压元件和油泵无锈蚀、脏污。

（7）电磁操动机构的合闸保护无异常。

（8）二次元件外观完好、标志、电缆标牌齐全清晰，空气开关位置无异常。

（9）二次接线无脱落、松动，绝缘未破损、无老化现象；二次端子排无裂纹、锈蚀、放电痕迹；机构箱及汇控柜内电缆孔洞封堵良好。

（10）机构箱内清洁无异物，无积水、无凝露现象；通风口滤网完好、无异物。

（11）高寒地区应确保罐式断路器罐体、气动机构及其联接管路设置的加热带能正常工作。

（12）五防锁具无变形、无损害、无锈蚀现象。

（13）机构箱箱门、汇控柜柜门密封良好，密封材料无脱落、老化现象，箱门开启灵活。

（14）加热器与箱内各元件、电缆及电线的保持足够距离；加热器与驱潮装置、控制元件的绝缘应良好。选用阻燃材料的温、湿度控制器等二次元件。温控系统能扣根据设定温、湿度投切加热驱潮装置。

3. 熄灯巡视

巡视前，关闭室内照明电源，重点检查外绝缘有无放电，引线、线夹、接头有无过热现象，异常时采取红外热成像复测。

4. 特殊巡视

（1）A、B 类检修后的断路器，新安装断路器，或停用已久的断路器投入运行 72h 内，应进行巡视不少于 3 次。巡视的内容应按全面巡视要求执行。

（2）负荷高峰时，增加巡视次数，检查引线、线夹是否出现过热。

（3）天气异常时的巡视。

1）气温突变时，应检查断路器压力变化、油位指示情况，查看机构箱是否渗漏；机构箱内加热驱潮装置是否正常工作。

2）冰雪天气时，应检查设备积雪情况，及时处理过多的积雪和悬挂的冰柱；还应注意导电部位是否出现冰雪立即熔化的现象。

3）连阴雨天气或大雨过后，应巡视机构箱等是否受潮或积水，加热驱潮装置是否正常投入工作。

4）重度雾霾天气时或大雾后，应巡视断路器外绝缘有无异常电晕现象，尤其关注积污部位。

5）雷雨天气后，应检查外绝缘是否出现放电现象或放电痕迹。

6）大风时，巡视设备均压环及绝缘子是否倾斜、断裂，各部件上有无附着异物；引线有无散股、断股，摆动情况等。

7）覆冰天气时，查看外绝缘的覆冰厚度以及冰凌桥接程度，不能出现中部伞裙爬电现象。

8）冰雹天气后，检查绝缘子表面有无破损现象，引线是否出现断股、散股情况。

9）高温天气时，检查引线、线夹是否出现明显过热。

5. 断路器故障跳闸后的巡视

（1）断路器外观是否完好，无破损。

（2）SF_6气体密度继电器、操动机构压力、弹簧机构储能指示是否正常。

（3）断路器内部有无异常声响。

（4）外绝缘、接地装置是否出现放电现象或放电痕迹。

（5）断路器的分、合闸位置是否指示正确，是否与实际位置一致。

（6）油断路器油色及油位是否无异常，有无喷油现象。

（7）各附件有无变形，引线、线夹有无过热、松动现象。

（8）保护动作情况及故障电流情况。

3.4.4　操作要点

1. 断路器操作常见的注意事项

（1）若断路器停运超过半年，须例行试验通过后才能复役。复役前，先通过远方试操作 2～3 次且无任何异常后，才能进一步开展正式操作。

（2）断路器合闸操作前，应确认防误闭锁装置工作正常，装设的接地线已全部拆除，接地开关已全部拉开。

（3）断路器检修后应经传动确认无误、验收合格后，方可送电操作。当涉及继电保护、控制回路等二次回路的检修时，操作前还应由继电保护人员进行传动试验、确认合格后方可送电。

（4）操作前，应确保控制回路和辅助回路的电源正常，机构已储能，各种信号正确、表计指示无误；检查油断路器油位、油色正常；SF_6断路器气体压力在规定的范围内；真空断路器外观应无异常。

（5）若断路器闭锁是由 SF_6 断路器液压（气动）操动机构压力异常、断路器本体气体压力异常引起的，严禁擅自改变闭锁状态。

（6）应以机械位置指示、电气指示、仪表及各种遥测、遥信等信号的变化来判作为断路器操作后的位置的依据。在具备条件时，为确保断路器确已正确分、合闸且已动作到位，应在现场核对断路器本体和机构分、合闸指示器以及传动杆、拐臂实际位置。同时，还应检查断路器有无发生其他异常。

（7）就地传动操作液压操动机构的断路器进行分闸、合闸时，人员应远离高压管道接口。

（8）非全相合闸发生于分相操作的断路器时，操作人员应立即拉开断路器并查明原因。

（9）非全相分闸发生于分相操作的断路器时，应立即汇报当值调控人员，并拉开断路器操作电源，按照调控人员指令隔离断路器。

2. 防止误操作的保护及联锁

（1）仅当断路器被抽出后或者已处于试验位置时，接地开关才可被合闸。

（2）仅当断路器和接地开关已处于分闸状态时，断路器手车才可从试验位置推到工作位置。

（3）断路器处于合闸位置时，断路器小车不能从工作位置摇至试验位置。

（4）断路器的二次插头仅在试验位置时才可被取下。

（5）在不接通二次电源时，断路器只能被手动分闸，不能手合。

（6）断路器室门打开，手车不能被摇进工作位置。

（7）断路器只有处在试验位置或工作位置时才能被合闸。

（8）如果电缆室门被打开，接地开关则不能合闸。

（9）若手车在工作位置或者中间位置时，断路器室门不能被打开。

（10）母线带电状态下，不能合接地开关。

（11）接地开关分闸状态时，不能打开电缆室门。

3. 开关柜操作注意事项

（1）严格执行操作票制度相关规定进行断路器的停送电操作。

（2）将小车开关由仓外送入柜内前，应检查断路器外观，确保无异常。

（3）在插入断路器二次插件时，应注意核对方向，平稳插入，严禁用力敲打；松开二次插件时，应先解除锁紧装置，再缓缓拔下二次插件，切不可用力摇晃，避免插针断裂或变形。

（4）小车开关在出车、进车后应将柜门关闭。

（5）开关小车进车前，应确保接地开关在分位。

（6）进出车前，为保证安全操作，应断开断路器控制电源。

（7）小车进、出车时应平稳均匀，如发现进、出车困难应立即将开关退至原位，避免开关停留在试验位置与工作位置中间状态。

（8）进、出车时应正确摇动摇把转动方向，顺时针为进车，逆时针为出车。小车摇动至不能转动，且机械指示已在“工作位置”或“试验位置”时则表明已摇至正确位置。否则可能引起动静触头发热。

（9）判断开关是否已到位，应根据摇把是否能继续摇动，开关机械指示到位等方面进行综合判断。

3.4.5 维护要点

本节以断路器操动机构频繁打压的处理为例，讲述其维护要点。

1. 机构频繁打压的处理

当断路器操动机构一天内的打压次数较以往明显增多时，可认为断路器发生频繁打

压。其原因，可能是操动机构高压油（气）回路的内部阀门密封不严（内漏），抑或是高压油（气）回路发生严重渗漏（外漏），造成了打压后压力不能保持。

若由断路器操动机构高压油回路外部渗漏引起，可采取直接停电或代路停电处理。由于打压次数虽增多，但毕竟打压间隔时间较久，经专业人员判断后可能采取不停电检修处理；若为内部阀门密封不良发生“内漏”，经代路至与旁路开关并联后，可事实 1～2 次拉合操作后再行观察 1～2h。若此时频繁打压消除，则证明是油回路内部阀门可能存在微小异物，无须对操动机构进行解体处理，可以暂时维持运行，待停电动机会再一并处理。若仍然出现频繁打压，则须尽快停电再行解体处理。

2. 操动机构打压不停泵的检查处理

当发现断路器打压时间较以往明显延长时，应引起警惕，尤其断路器发出“压力异常”信号后，应尽快到就地进行检查。一般情况下，开关操动机构“压力异常”信号为操动机构压力过低或过高引起。油泵不能正常启动、操动机构严重漏油（气）易引起操动机构压力过低；而电动机控制回路故障引起的操动机构压力到达停泵值时仍不能自动停泵，则造成操动机构压力过高。此时，应将操动机构的压力值上报值班调度员。这种情况下应尽快通知专业人员处理。

开关操动机构不能建压，是引起断路器操动机构打压不停泵的另一可能原因。由于某种原因，造成操动机构不能建压，因而打压不止。此时，应手动中断打压，查明原因并上报检查结果。监视并随时上报操动机构的压力值，并且做好代路或拉停断路器的准备。

3.4.6　检修要点

1. 检修分类及要求

（1）A 类检修。A 类检修指整体性检修及相关试验。

1）检修周期。检修周期可根据设备状态评价决策进行。

2）检修项目。检修项目包含整体更换、解体检修及相关试验。

（2）B 类检修。B 类检修指局部性检修及相关试验。

1）检修周期。检修周期可根据设备状态评价决策进行，应符合厂家说明书要求。

2）检修项目。检修项目包含部件的解体检查、维修及更换及相关试验。

（3）C 类检修。C 类检修指例行检查及试验。

1）检修周期。

a. 基准周期参照所在单位执行检修试验标准。

b. 备用设备投运前应进行检修；现场备用设备应视同运行设备进行检修。

c. 对于未开展带电检测老旧设备，检修周期不大于基准周期。

d. 以下设备的检修周期可以在周期调整后的基础上，最多延迟 1 年：

a）上次试验与其前次（或交接）试验结果相比无明显差异；

b）上次检修以来，没有经受严重的不良工况；

c）带电检测（如有）显示设备状态良好；

d）巡视中未见可能危及该设备安全运行的任何异常。

2）检修项目。检修项目包含本体及附件的检查与维护，以及相关试验。

a. 红外热成像检测。应定期对断路器断口及断口并联元件、引线头、绝缘子等部位开展红外热成像测温检测，红外图谱不应出现异常温升和温差，不同测温部位的发热诊断应参考 DL/T 664—2016 的有关规定。

b. 断口间并联电容器。断路器若设置断口均压电容器，则应考核其在分闸状态的断口并联电容器电容量和介质损耗因数，试验结果符合产品技术规范。罐式断路器（含 SF_6 封闭式组合电器断路器）的断口均压电容测量，按设备技术文件规定进行；瓷柱式断路器一般应与断口一同测量。检测结果不符合产品技术文件的规定时，可单独测试电容器的电容器和介质损耗因数。

c. 合闸电阻阻值及预接入时间。例行检修应测量断路器合闸电阻（若设置）的阻值，相同测试条件下，其初值差应符合要求；按设备技术文件规定校核合闸电阻预接入时间，若须解体方可实施检测的，则应断路器解体性检修时完成。

d. 回路电阻测量。应采用不小于 100A 的直流电流压降法测量各导电部位的回路电阻，测量方法和要求参考 DL/T 593—2016 的有关规定。

e. 例行测试和检测。

a）清扫瓷绝缘件，检查瓷绝缘件是否产生裂纹；

b）检查操动机构内、外部是否已积污，必要情况下进行清扫；

c）检查轴、销、锁扣和机械传动部件，一经检查发现损坏或变形应及时更换；

d）操动机构外观检查，检查是否有渗漏、螺母是否有松动等；

e）进行操动机构机械轴承等部件的润滑维护，可遵循断路器技术文件要求；

f）检查有无锈蚀痕迹，必要时实施防腐等措施进行处理；

g）分、合闸线圈电阻，储能电动机工作电流，储能时间等检测结果应符合设备技术文件要求；

h）断路器应在并联分闸脱扣器额定电源电压的 85%～110%（交流）或 65%～110%（直流）范围内可靠分闸，在并联合闸脱扣器额定电源电压值的 85%～110%范围内可靠合闸。并联分、合闸脱扣器电源电压低于额定电压 30%时不动作；

i）按设备技术文件要求开展连锁和闭锁装置、防跳跃装置、缓冲器的检查；

j）应在额定操作电压下开展断路器时间特性测试，合、分闸时间，合、分闸不同期，合、分闸时间应符合技术文件要求且与历次试验结果无明显变化，应在必要时行程特性曲线检测以进一步分析。合、分闸指示以及辅助开关动作应正确。

（4）D 类检修。D 类检修指在不停电状态下进行的检修及相关试验。

1）检修周期。检修周期依据设备运行工况合理安排，确保设备正常运行使用。

2）检修项目。

a. 例行巡检。

a）巡检应重点关注断路器外观、瓷绝缘件、高压引线等有无异常声响、破损、发热、异物附着等。

b）操动机构状态检查（弹簧机构弹簧位置是否正确，液压机构油压、气动机构气压有无异常）。

c）汇控柜、机构箱等加热驱潮装置工作是否正常。

d）记录断路器开断故障电流值及开断时间，及断路器的操作次数。

e）密度继电器压力值是否异常。

f）红外热成像检测。应定期对断路器断口及断口并联元件、引线头、绝缘子等部位开展红外热成像测温检测，红外图谱不应出现异常温升和温差，不同测温部位的发热诊断应参考电力行业标准 DL/T 664—2016。

b. 带电检测。

a）超声波局部放电带电检测。在断路器带电运行条件下定期对罐式断路器进行超声波局部放电检测。

b）气体密封性检测。当定性检测发现气体泄漏或气体密度继电器显示压力值突然下降时，应开展密封性检测，检测方法可参考 GB/T 11023—2018 相关要求进行。

c）SF_6 气体微水检测。SF_6 气体从密度继电器处取样，取样方法参考 DL/T 1032—2006，测量方法可参考 DL/T 506—2007。

3.4.7 故障检修要点

1. 断路器常见故障

本节梳理了断路器几种典型的故障。而在实际运行中，往往是多种故障的组合，需要根据故障实际情况综合分析研判，从而找出症结，并采取有效的处理方法。

（1）油断路器本体故障。油断路器本体常见故障及故障可能原因如表 3－1 所示。

表 3－1　　油断路器本体常见故障原因分析

序号	故障类型	故障可能原因
1	导电回路发热	① 静触头的触指表面磨损，导致接触电阻偏大。 ② 压缩弹簧受热断裂或弹性下降，导致接触电阻增大。 ③ 导电杆表面镀银层磨损严重。 ④ 中间触指表面磨损严重，接触电阻增大。 ⑤ 接头表面粗糙，接触电阻增大
2	本体受潮	帽盖或其他密封性能差
3	渗漏油	① 轴转动密封处不良。 ② 固定密封处不良
4	断口并联电容故障	① 并联电容器密封不良。 ② 并联电容器主绝缘不良
5	断路器本体内部卡滞	① 导电杆轴向偏移。 ② 运动机构卡死。拉杆装配时接头与杆轴向不同轴，各柱外拐臂上下方向不同轴

（2）真空断路器本体故障。真空断路器本体常见故障及故障可能原因如表 3－2 所示。

表 3-2　　真空断路器本体常见故障原因分析

序号	故障类型	故障可能原因
1	接触电阻过大	触头磨损致接触压力减小；触头间接触不均；连杆的压缩弹簧调整不当
2	触头熔焊	触头接触不良，大电流通过时过热而熔焊，导致断路器拒分
3	真空包绝缘不良	真空包漏气，绝缘下降；真空包外表面积污致外绝缘劣化，严重时可能引起其沿面闪烙
4	真空包漏气	真空包密封不良，致真空包真空度下降

（3）SF_6 断路器本体故障。SF_6 断路器本体常见故障及故障可能原因如表 3-3 所示。

表 3-3　　SF_6 断路器本体常见故障原因分析

序号	故障类型	故障可能原因
1	均压罩及喷口松动	① 操作次数多，运行时间久。 ② 均压罩固定不良
2	重燃	装配时残留在灭弧室的金属微粒时在操作振动和气流作用下悬浮，造成重燃；定开距设计的断路器开断空载线路时易重燃
3	断口并联电容故障	① 并联电容器主绝缘不良。 ② 并联电容器密封不良
4	合闸电阻故障	① 合闸电阻阻值偏高； ② 电阻片老化，介质损耗因数超过标准限值
5	主回路接触电阻超标	① 紧固螺栓松动或导电回路接触面磨损； ② 连杆松动； ③ 动静触头、中间触头表面脏污，或长期运行和操作后触头表面磨损
6	SF_6 气体微水不合格	① 本体内部的干燥剂受潮。 ② 运输和安装中导致内部绝缘件受潮。 ③ 补充的 SF_6 气体含水量超标。 ④ SF_6 存在漏气现象
7	SF_6 泄漏	① 瓷套存在裂纹或砂眼，或浇铸件有砂眼。 ② SF_6 密度继电器接头处密封不良。 ③ SF_6 充放气接头密封性不良或连接管路安装工艺不良。 ④ 密封面表面粗糙、安装工艺差及密封床老化。 ⑤ 传动轴与轴套间密封老化

（4）断路器操动机构的常见故障。断路器操动机构常见故障及故障可能原因如表 3-4 所示。

表 3-4　　断路器操动机构常见故障原因分析

序号	故障类型	故障可能原因
1	操动机构卡死	① 固定连杆倾斜而卡死。 ② 销孔变形、焊接开裂、机构连板不平等引起操动机构连杆倾斜卡死

续表

序号	故障类型	故障可能原因
2	分闸铁芯启动但未分闸	① 卡板与脱扣板扣入尺寸太多或扣合面粗糙。 ② 掣动螺钉未松到位或未松开。 ③ 分闸线圈中出现并联部分断线，铁芯吸力不够
3	分闸铁芯不启动	① 分闸线圈顶杆卡死。 ② 分闸回路的切换开关触点接触不良。 ③ 分闸线圈断线或烧坏
4	脱扣卡板不复归	① 分闸时，连板下圆角顶死在托架上，使卡板无法返回造成空合。 ② 脱扣板与卡板扣入距太少，合闸后在铁芯返回时被振动而自行分闸。 ③ 脱扣板顶端下面不平整，返回时卡住。 ④ 卡板复归弹簧太软，跳闸后不复位造成空合
5	合闸铁芯启动未合上	① 合闸速度太大，剩余能量将其振开或分闸弹簧调整不当。 ② 跳闸后滚轮卡死，使滚轮无法返回造成空合。 ③ 合闸铁芯返回弹簧断裂、隔磁铜圈脱落或铁芯顶杆行程不足。 ④ 合闸铁芯顶杆止钉松动，造成顶杆长度变短。 ⑤ 延时开关配合不良，过早切断电流
6	合闸铁芯不启动	① 合闸铁芯被铜套卡死。 ② 合闸接触器线圈烧坏。 ③ 合闸操作回路断线或熔丝熔断。 ④ 辅助开关的触点接触不良

（5）断路器弹簧操动机构的常见故障。断路器弹簧操动机构常见故障及故障可能原因如表 3－5 所示。

表 3－5　　　　断路器弹簧操动机构常见故障原因分析

序号	故障类型	故障可能原因
1	储能电动机拒绝启动	储能电动机发生内部短路或断线；电源回路接触不良、断线或熔丝熔断
2	电源回路故障	电源断线或接触不良引起回路故障；电动机电源辅助开关顶杆弯曲
3	离合器故障	离合器蜗轮蜗杆中心未良好调整，使蜗杆有卡阻，或离合器不能打开
4	断路器拒分	① 操作回路熔丝熔断或断线。 ② 辅助开关触点接触不良，使分闸电磁铁不动作而不能分闸。 ③ 分闸连杆冲过死点的距离太小，使断路器分不开。 ④ 分闸连杆过死点太多。 ⑤ 分闸动作电压调得太高，分闸电磁铁芯行程和冲程调整不当。 ⑥ 分闸电磁铁铁芯存在卡涩
5	断路器拒合	① 操作回路接触不良，断线或熔断器的熔丝熔断。 ② 斧状连板与顶块扣入距离不足，或顶块弹簧变形拉力不够造成合闸不能保持。 ③ 四连杆过死点太少，受力后或振动后自行分闸，合闸保持不住。 ④ 空合，分闸四连杆无法返回或返回不足。 ⑤ 储能状态，斧状连板与牵引杆滚轮无间隙，造成四连杆无法返回。 ⑥ 辅助开关触点接触不良。 ⑦ 四连杆过死点太多或铁芯冲程调整不当

续表

序号	故障类型	故障可能原因
6	合闸连杆返回不足	合闸连杆有卡涩现象，返回不灵活
7	合闸锁扣锁不住而自行分闸	① 合闸锁扣轴销弯曲变形，使锁扣位置发生变化而锁不住。 ② 合闸锁扣基座下部的顶紧螺栓未顶紧，使锁扣扣不住或扣合不稳定。 ③ 牵引杆储能完毕扣合时冲击过大。 ④ 合闸四连杆在未受力时，锁扣复位弹簧变形或连杆有卡死，过死点距离太少。 ⑤ 扣入距离太多或太少造成无法保持储能

（6）断路器液压操动机构的常见故障。断路器液压操动机构常见故障及故障可能原因如表 3－6 所示。

表 3－6　　断路器液压操动机构常见故障原因分析

序号	故障类型	故障可能原因
1	外部漏油致油泵频繁开启	油管道接头处、蓄压器活塞组合油封、工作缸活塞组合油封漏油
2	内部漏油致油泵频繁开启	① 分位时油泵频繁启动：二级阀阀口关闭不良，致使高压油经泄油孔漏油；工作缸活塞密封垫损坏；油箱内部分管道接头漏油。 ② 合位时油泵频繁启动：合闸二级阀阀口关闭不良或二级阀活塞密封垫损坏；分闸阀阀座密封垫损坏；合闸一级阀或合闸保持止回阀关闭不良；合闸一级阀阀座密封垫损坏；油箱内部分管道接头漏油。 ③ 阀口污秽使阀口无法正确复位，经分合操作几次后，频繁启动可消失
3	蓄压器故障	① 蓄压筒缸体密封垫损伤，高压油泄漏至氮气引起压力异常。 ② 氮气筒止回阀关闭不良、活塞密封圈或活塞杆密封圈损坏
4	油泵故障	① 微动开关接点或中间继电器接点异常，造成油泵无法停止。 ② 油泵马达损坏、微动开关接点接触不良、电源回路故障，油泵不启动
5	液压系统建压慢或不能建压	① 液压系统及油泵滤网堵塞、内部空气未排尽、止回阀钢球或吸油阀钢球密封不良。 ② 复位弹簧或柱塞卡死
6	断路器拒动	① 分、合闸一级球阀未打开或打开距离太小。 ② 辅助开关未能正常切换或接点接触不良、接点不通。 ③ 分、合闸阀杆头部顶杆弯曲，或分、合闸动铁芯与电磁铁上磁轭间出现卡滞，或线圈损坏
7	断路器拒合	① 球阀严重泄漏致自保持回路失效，合闸控制管和止回阀有堵塞点，或阀系统严重泄漏导致控制系统闭锁合闸功能。 ② 合闸电磁铁芯行程调节有误，影响合闸一级阀打开
8	断路器拒分	① 分闸电磁铁芯行程未调节好，致使分闸一级阀打不开或打开太小。 ② 阀系统严重泄漏，控制系统闭锁分闸功能
9	断路器合闸后又分闸	① 止回阀，分闸一级阀严重泄漏。 ② 节流孔堵塞导致合闸保持腔内无高压油补充
10	断路器误动	① 分合闸电磁线圈启动电压太低，又发生直流回路绝缘不良。 ② 液压系统和控制管道内存在大量气体。 ③ 阀系统严重漏油

（7）断路器气动操动机构的常见故障。断路器气动操动机构常见故障及故障可能原因如表3－7所示。

表3－7　断路器气动操动机构常见故障原因分析

序号	故障类型	故障可能原因
1	合闸时电磁阀漏气	① 电磁阀分、合闸保持器的密封不良。 ② 电磁阀合闸冲击密封垫严重变形，引起密封处密封不良
2	合闸时压缩空气大排气且开关闭锁	电磁阀活塞的密封垫老化，活塞的推力不足，合闸时动作不到位因而无法关闭合闸密封，导致高压气体通过电磁阀排气口向外大量排气
3	压缩空气系统故障	① 压缩机电源故障，或压缩机活塞环磨损严重，或压缩机的阀片断裂。 ② 止回阀漏气，或压缩空气系统发生严重的漏气，或一级阀或二级阀发生严重关闭不严。 ③ 操动机构工作缸及其他密封处的密封垫严重变形或老化
4	断路器拒动	分合闸线圈烧坏，或控制回路断线，或因辅助开关的接点接触不良

2. SF_6断路器常见故障检修

鉴于篇幅限制，本节主要讲述SF_6断路器检漏、气压降低后处理等常规检修项目。

（1）SF_6断路器检漏。SF_6断路器检漏的方法可分为定量和定性两种。

1）定量检漏采用扣罩法：断路器充气压力达到额定压力后，静置一定时间，吹扫断路器本体及气体管路周围的残余气体，采取塑料布包裹24h后用检漏仪测量罩内上、下、左、右、前、后共6个点的SF_6气体浓度为$D_1 \sim D_6$，求得平均浓度为$D=(D_1+D_2+D_3+D_4+D_5+D_6)/6$。

其中，断路器单相的体积为V_1，密封系统容积为V，充气压力F_r，环境温度可参考三比值曲线表，根据下列公式则可计算出漏气率和年漏气率。

$$\text{漏气率}\ F=D\times(V_m-V_1)\cdot p/t(\mathrm{MPa\cdot m^3/s})$$

$$\text{年漏气率}\ F_Y=F\times31.5\times10^6/V\times(F_r+0.1)\times100‰$$

p为标准大气压。

2）定性检漏又分为抽真空检漏和检漏仪检漏两种。现场常用检漏仪来检漏方法，断路器装配完毕后，先充入不低于0.02MPa的SF_6气体，再充入干燥的氮气至0.45MPa，然后用SF_6检漏仪检漏，应无漏点。

（2）SF_6气压下降应采取的措施。

1）检查SF_6气体密度继电器表计指示值，若未发生明显漏气，则属于长时间运行中的气压下降，应由专业人员带电补气。

2）若发生明显的漏气，且SF_6气体压力下降至第二报警值时，密度继电器动作，报出“合闸闭锁”“分闸闭锁”信号时，断路器不能跳分、合闸，应向调度员申请将断路器停止运行，并采取下列措施：

a. 取下操作保险，挂“禁止分闸”警告牌。

b. 将故障断路器倒换到备用母线上或旁路母线上，经母联断路器或旁路断路器供电。

c. 设法带电补气，不能带电补气者，负荷转移后停电补气。

d. 严重缺气的断路器只能作隔离开关用。如不能由母联断路器或旁路断路器代替缺气断路器工作，应转移负荷，把缺气断路器的电流降为零后，再断开断路器。

3）当发生漏气，确认闭锁信号是否正确报出，当发生 SF_6 气体严重漏泄时，且有刺激性气味逸出，自感不适，应采取防止中毒的措施。

3.5 断路器典型案例分析

3.5.1 断路器“运检合一”典型案例分析一

1. 缺陷概况

运检人员遥控操作 220kV××变电站 35kV 开关柜时分闸失败。事件经过如下：2018 年 10 月 11 日 2 点 17 分，220kV××变电站 35kV 3692 断路器遥控拉不开，运检人员立即根据现场情况及现象展开分析，判断开关柜分闸线圈烧掉或者机械部分卡死，报紧急缺陷，并立即开展抢修工作。此过程与“运检合一”前运维人员停止操作后联系检修人员进站处理的模式相比，节省了缺陷有效处理时间，使得检修效率和检修时效性大大提升。

“运检合一”后运检人员能自行先行处理紧急缺陷，提升工作效率，增加消缺处理的时效性，从而使设备状态管控力增强，设备缺陷隐患管控更有成效。

2. 运检人员初步原因分析及处理

2018 年 10 月 11 日 2 点 20 分，220kV××变电站 35kV 3692 断路器遥控拉不开，现场运检人员自行初步分析开关柜分闸线圈烧掉或者机械部分卡死，判断需要停 35kV Ⅰ段母线进行紧急分闸操作，并立即开展抢修工作。运检人员拉开 1 号主变电站 35kV 断路器使 35kV Ⅰ段母线失电，但发现无法拉开 35kV 3691 断路器。判断 35kV 3691 断路器存在相似故障原因。随后通过人工解锁摇进机构联锁拉出两台开关柜，并对断路器无法分闸现象进行检查。

经过运检人员自行详细检查，发现 35kV 3692 断路器、35kV 3691 断路器分闸线圈烧损，手动分闸无效，将手车拉至检修位置，并专业检修人员进站处理，而运检人员在现场检查设备情况并分析原因，为专业检修人员提供研判信息及分析。经过研判，初步判断：手动分闸，其传动轴转动，合闸保持掣子、分闸脱扣器存在卡滞无法顺利脱开。判断为：机构箱内分闸传动轴与合闸保持掣子之间配合问题（需要专业检修人员携带专用工具打开检查）。

3. 专业检修人员缺陷处理

运检人员在检修人员到场前首先自行按照常规处理步骤，先对 3691 断路器烧毁的分闸线圈进行了更换，节省了消缺时间。对 3691 断路器分闸脱扣机构进行逐项的分析、排查，发现：

（1）分闸线圈回路可正常导通，无异常。

（2）分闸线圈通电后可有效吸合，无异常。

（3）分闸半轴转动灵活，与分闸线圈及紧急分闸导杆传动灵活，无异常。

（4）分闸半轴与分闸掣子在合闸状态下可有效扣接，无异常。

（5）分闸掣子安装无移位、掣子无明显形变，金属元素检测合格，无异常。

（6）合闸保持滚轮安装无移位、装配体各部件无明显变形，无异常。

（7）分闸掣子与合闸保持滚轮在合闸状态下可稳定支撑，无异常。

在专业检修人员进场后，通过运检人员初步检查并按常规处理后缺陷，免去了常规缺陷的重复性处理时间，解放专业人员人力，处理更加疑难的缺陷。随后发现分闸掣子与合闸保持滚轮间相互运动存在卡涩现象，随对分闸掣子接触面表面进行清洁、润滑处理后，连续分合验证二十余次可正常分合，未再次出现分闸失灵现象。运检人员继而对35kV 3692 线圈进行更换，并进行了逐项的分析排查。结果与 3691 断路器一致，并按照3691 断路器机构的处理方案对 3692 断路器进行处理，并进行分合验证，连续分合验证二十余次可正常分合，未再次出现分闸失灵现象。

35kV 3692 断路器及 3691 断路器排障完成后，对两台断路器分别进行了电动、手动分合试验，高电压、低电压分合试验，断路器机械特性试验，结果无异常，且未出现拒分现象。

4. 原因分析

专业检修人员通过在现场观察分闸掣子与合闸保持滚轮相对运动卡涩，发现图 3-2中圈出位置即分闸掣子接触面较粗糙并发现接触面表面有漆痕，其粗糙度及接触面表面处理要求与设计要求有出入。进而发现，接触面被摩擦过的油漆凹凸不平且有毛刺，加大了接触面的粗糙度。

而如图 3-3 框线中所示，合闸状态下时分闸掣子接触面配合，分闸掣子对侧的支撑则与分闸半轴扣接。半轴转动后，掣子与滚轮相对滑动并分离。而掣子接触面与滚轮表面需保证要求的光滑度才能有效相对滑动，且通过接触位置润滑增强效果。

图 3-2　断路器分闸掣子

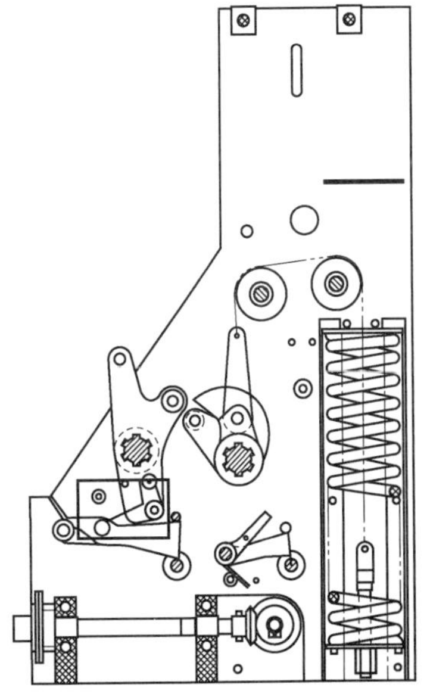

图 3-3　断路器分闸掣子与合闸保持滚轮相对位置

本批机构所使用的分闸掣子与设计要求不符，在接触面位置进行了喷漆处理。经过研判，初步判断本次出现的断路器拒分原因主要为分闸掣子接触面喷漆后粗糙度大、润滑不足导致。

5. 总结及下一步工作

在本次 220kV××变电站 35kV 断路器异常事件处置过程中，运检人员自行完成了信息收集、故障研判、现场检查、验证、故障隔离、试验，体现了变电“运检合一”后有序开展故障应急处置的能力。在专业检修人员进场前省去了“运检合一”前冗余的工作流程及步骤，节省了常规缺陷的重复性处理时间，为检修人员争取了更多宝贵的时间用于处理更加疑难的缺陷，使得设备缺陷管控更有成效。通过本案例可以发现，运检合一后故障检修运转流畅，专业壁垒逐渐破除，运检人员与检修人员沟通顺畅，消缺更为及时。

同时，现场处置中也存在一些有待改进的问题：

（1）现场厂家提供的图纸资料中对机构各种间隙的具体尺寸标注不明。该批次供货情况资料订单暂时无法查证。

（2）现场检测设备及试验设备等条件有限，部分检查项目如零件具体尺寸、材质比对、粗糙度检测等需做进一步检查已做进一步确认。

（3）现场临时处理后，依然不能完全排除分闸失败故障再次发生的风险。35kVⅡ段间隔未进行全面排查试验，存在较大安全风险。

下一步工作计划为：

（1）计划在 10 月 17 日前对 35kVⅡ段间隔进行全面试验排查，并在此之前对该站 35kV 出线和开关柜加强巡视，缩短带电检测周期，并恢复有人值守；制订全面排查计划，对同类产品进行深入排查。保持与同调度部门、厂家沟通，制订该批次断路器机构更换方案。

（2）要求厂家及时提供详细的机构部件尺寸和该批次供货情况资料，对机构部件供货厂家情况进行全面跟踪。

（3）10 月 13 日对问题机构进行现场拆解分析，计划 10 月 16 日对问题机构进行返厂检测，运检人员与检修人员全程陪同见证，对同一类型该批次机构进行反复分合试验，并深入分析确认其他可能因素产生的影响，出具专业、深入、可靠的检测分析报告。

（4）后续在开关柜出厂验收中抽检机械寿命特性试验。

3.5.2 断路器检修试验典型案例分析二

1. 缺陷概况

某供电公司开展 220kV 间隔设备例行检修期间，因试验工作需要进行断路器弹簧机构储能操作，合上断路器控制电源、储能电动机电源后，断路器 A 相、C 相储能成功，但 B 相弹簧电动机持续空转而始终无法正常储能，如图 3－4 所示。

2. 运检人员原因分析及处理

在打开断路器机构箱后，工作人员观察到该相储能指示为“未储能”，储能机构离合器与相邻两相相差90°，B相离合器上的棘爪未能复位，导致储能失败。经对储能机构进行检查，查明储能机构离合器的棘爪（见图3-5）出现卡涩，是造成B相断路器储能弹簧始终未能到位的原因。

图3-4　断路器B相弹簧未储能

为了进一步判断卡涩的原因，运检人员开始收集断路器历史试验报告、断路器安装记录、机构使用说明书、断路器历次操作记录。经查，该断路器操动机构为液压弹簧机构，于一年前投入运行，最近一次送电合闸时间也在一年前，也意味着距离该断路器弹簧储能已过去一年多，至本次检修前仅有一次分闸操作。储能机构是断路器合闸提供能量的机构，不能储能将会导致断路器无法再次合、分闸，将延误线路送电。

该储能机构的离合器在完成装配、螺栓紧固后，厂家装配人员涂上锁固剂，由于将锁固剂误涂到了棘爪的轴鞘（见图3-6）孔隙，导致锁固剂固化后使棘爪出现卡涩，最终导致在储能过程中棘爪无法复位，储能电动机空转，储能失败。为避免该相储能机构棘爪运行中再次发生卡涩，运检人员同生产厂家协商决定对该离合器进行了更换，从而消除了无法储能的缺陷。

图3-5　储能机构离合器卡涩

图3-6　储能机构离合器轴鞘孔

3.5.3　断路器检修试验典型案例分析三

1. 缺陷概况

控制回路断线是运检工作中常见故障，本案例分析了运检合一后控制回路断线后的处理方法与优势，工作方式从被动等待到主动作为的根本性转变。

2018 年 6 月 7 日 1 时 51 分，运检人员将 2Q86 线由冷备用改为副母热备用过程中，合上 2Q86 线副母隔离开关后在操作线路隔离开关时，发现 2Q86 断路器第一组及第二组控制回路断线告警，现场将 2Q86 线路处冷备用状态后停止操作，立即转变互相身份，从操作人员分别变为工作负责人与工作许可人，节省检修人员进场时间，缺陷得以及时消除。6 月 7 日 13 时 40 分，运检人员完成缺陷处理开始复役操作。

2. 运检人员原因分析及处理

（1）故障设备信息。220kV ××变电站 220kV GIS 设备为某开关电气有限公司 2015 年 8 月生产的组合电器，2016 年投运，2Q86 线首检时间为 2017 年 5 月。

（2）操作过程。2018 年 6 月 7 日 8 时 51 分，运检人员将 2Q86 线由冷备用改为副母热备用过程中，合上 2Q86 线副母隔离开关后在操作线路隔离开关时，发现 2Q86 断路器第一组及第二组控制回路断线告警，现场将 2Q86 线路处冷备用状态后停止操作，立即转变互相身份，从操作人员分别变为工作负责人与工作许可人，节省检修人员进场时间，缺陷得以及时消除。6 月 7 日 13 时 40 分，检修人员完成缺陷处理。

（3）现场检查处理情况说明。6 月 7 日 9 时 10 分，工作许可后，开展对 2Q86 断路器第一组及第二组控制回路断线检查。对照图纸检查到线路隔离开关机构箱时，发现如下问题：

1）检查发现汇控柜内中间继电器 VX3 处于吸合状态，使中间继电器 VX3：21－22 节点断开，使断路器控制回路断线，如图 3－7 所示（圈中为元器件及在合闸回路中的位置）。

2）经对比 VX1/VX2 发现此时 VX3 继电器 A1－A2 线圈两端带电，查阅相关图纸，VX3 继电器线圈位于 DES3（线路隔离开关）图纸中。其 A1－A2 线圈两端进线 DES3：11－21。具体控制回路图及元器件如图 3－8 所示。

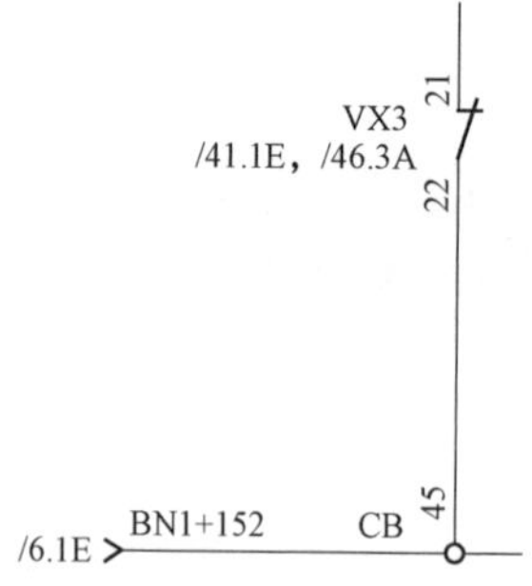

图 3－7　2Q86 线断路器控制回路图及元器件（一）

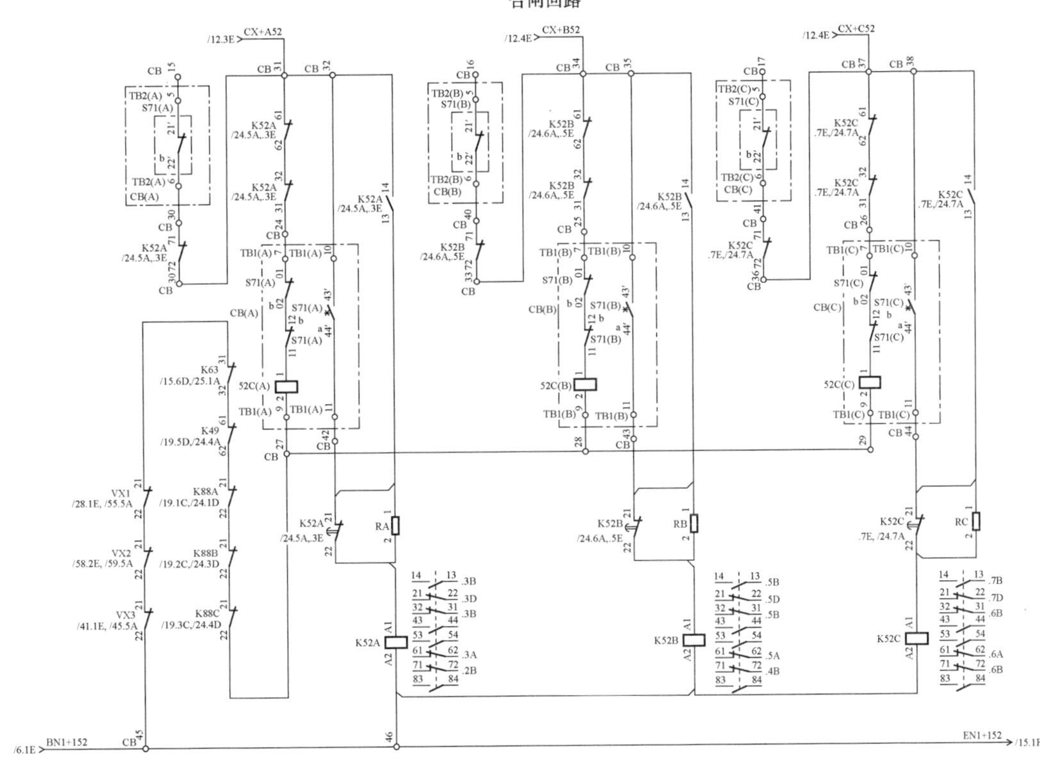

图 3－7 2Q86 线断路器控制回路图及元器件（二）

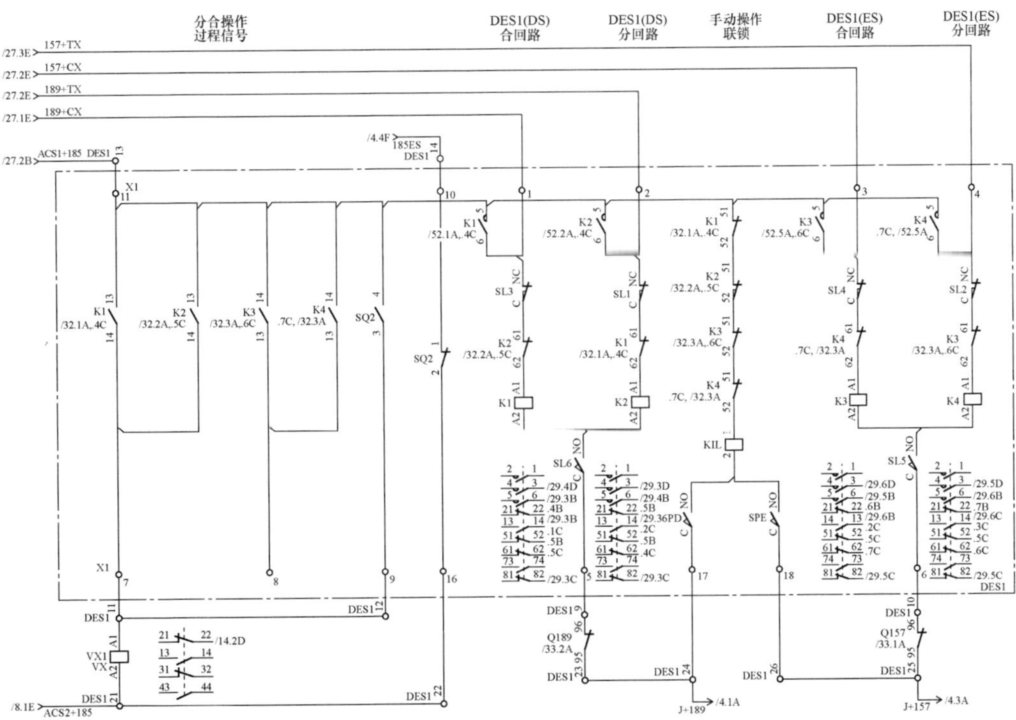

图 3－8 2Q86 线线路隔离开关、接地开关（DES3）控制回路图及元器件

正常状态下 SQ2 节点：3－4 为断开状态，VX3 继电器 A1－A2 线圈不应励磁；而此状态为异常状态，经检查，此时 SQ2 微动 3－4 导通，VX3 继电器 A1－A2 线圈两端带电，导致断路器控制回路断线（合上断路器控制电源和隔离开关电源时）。

SQ2 限位断路器型号为 LX44，位于手自动操作切换卡扣位置，如图 3－9 所示。经检查发现 SQ2 限位断路器内部存在水汽。

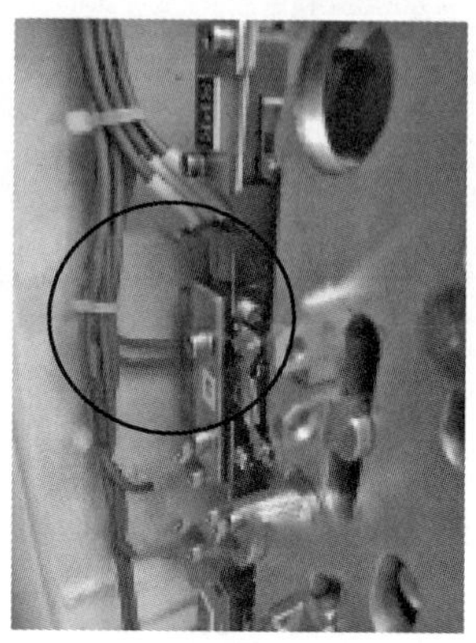

图 3－9　SQ2 限位断路器以及在机构箱中的位置

断路器的合闸回路中负电侧串接有继电器 VX1、VX2、VX3 的动断触点，如图 3－10 所示。VX1、VX2 和 VX3 分别代表与断路器直接相邻的隔离开关 DS1、DS2 和 DS3 在手动或电动操作触发继电器。

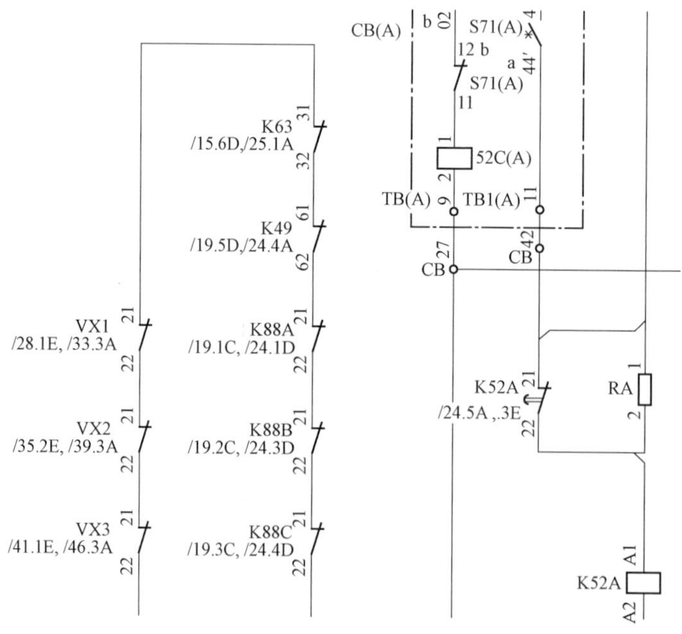

图 3－10　断路器合闸回路中闭锁触点

厂家设计思路：由于隔离开关合闸或分闸的速度比较慢（一般 2s 左右），而断路器合闸速度很快（几十毫秒），因此，当隔离开关在进行合闸或分闸操作过程中，如果断路器突然合闸就会造成带负荷分、合隔离开关，引起严重的设备故障。

因此将与断路器直接相邻的隔离开关 DS1、DS2 和 DS3 在手动或电动操作合分过程中的信号触发闭锁继电器 VX1、VX2 和 VX3，然后将他们的常闭接点串接在断路器的合闸回路中负电侧闭锁条件中。当隔离开关 DS1、DS2 和 DS3 在手动或电动操作合分过程中时，闭锁继电器 VX1、VX2 和 VX3 的动断触点就会切断断路器的合闸回路，待电动操作到位或手动操作完毕后，闭锁继电器 VX1、VX2 和 VX3 复位，断路器合闸回路接通，方可进行合闸操作。

（4）缺陷原因分析及处理。在开展配管更换工作期间，××公司开展迎峰度夏前户外箱体开箱检查工作，对××变电站 220kV 所有隔离开关机构箱、压变端子箱进行了全面开箱检查，发现 2Q86 线路隔离开关、2Q86 线副母隔离开关、1 号主变压器 220kV 主变压器隔离开关、2Q85 线路接地开关、2U74 线路隔离开关机构箱均存在水迹或积水情况，其中 2Q86 线路隔离开关机构箱积水最为严重。220kV 正副母 6 个压变端子均存在密封不良情况，因压变端子箱下方存在滴水孔，不存在积水情况。

进水原因分析：

1）机构箱密封条设置不合理。密封条对接部位在机构箱上部且存在缝隙，与柜门间压接不到位，导致雨水渗入。

2）航空插、机构连杆与机构箱对接处密封不严，雨水渗入。

3）透气孔设计不合理。隔离开关机构箱上下各设置一个透气孔（见图 3－11），但孔盖拧紧后，透气孔几乎被密封死，导致透气孔未发挥明显作用，潮气未能及时散出。

4）压变端子箱与筒体法兰连接处密封不严，存在缝隙（见图 3－12）。

图 3－11　透气孔及孔盖

图 3－12　压变端子箱与筒体法兰连接处密封不严

运检人员处理措施：

1）将密封圈对接处在机构箱上部的箱门旋转 180°，确保上部密封圈密封可靠。

图 3－13　2Q86 线路隔离开关 SP（SQ2）微动开关内部水汽

2）对柜门四周及箱体与二次线缆、机构连杆连接处打防水胶。

3）透气孔与孔盖适当留有间隙。

4）对积水、凝露进行清除、烘干，对回路开展对地绝缘试验。

6 月 7 日运检人员在消缺检查处理过程中打开 2Q86 线路隔离开关机构箱后发现 SP（SQ2）节点存在水汽现象，如图 3－13 所示；微动断路器内部存在水汽，使得其 SQ2：节点 3－4 导通，VX3 中间继电器 A1－A2 线圈得电，进而切断 2Q86 线断路器控制回路。

运检人员随后对 2Q86 线路隔离开关机构箱内微动开关用吹风机进行烘干处理，电动手动切换试验多次，节点通断切换正常。对其余闸刀气室微动开关进行检查，未发现异常。

运检人员随后继续转变身份为操作人及监护人，顺利将线路复役，减少了人力资源、车辆资源、事故处理效率，体现了运检合一后的优越性。

3. 暴露的问题及后续改进措施

（1）暴露问题。

1）产品设计存在缺陷。某公司的隔离开关机构箱、压变端子箱密封性设计存在缺陷，机构箱垂直布置、密封条压接不紧密、箱体与传动连杆部对接不良，存在雨水渗入机构箱内部的风险。另外，透气孔与孔盖间尺寸配合不佳，导致雨水进入后，不能通过有效循环排出箱体外。

2）运检精益化水平有待提升。检修单位结合停电对所有相关的机构箱都开箱检查，并对水迹和积水进行清除、烘干，对箱体打防水胶密封，对回路开展对地绝缘试验。因微动开关在机构箱内部，在机构箱渗水处理时未能及时发现微动开关中存在水汽现象，未能及时消除元器件的隐患，导致在复役过程中发生控制回路断线，影响设备复役。

3）技能水平有待提升。因常规变电站隔离开关操作相关回路节点未串入断路器控制回路中，所以在处理线路隔离开关机构箱时仅对器件对地绝缘进行试验，忽略了微动开关节点通断特性检查。

（2）后续改进措施。

1）在迎峰度夏前继续深入开展户外箱体的防凝露排查和整治。对户外箱体逐个开展开箱检查，检查是否存在渗水、密封不良、箱体破损、密封条失效等问题。

2）加快落实户外箱体加装防雨罩工作。

3）加强户外箱体设备的验收管控。现场验收时，重点对箱体密封性、呼吸孔及滴水孔设置等进行验收检查，并开展淋水抽检试验。

4）利用双夏期间开展 GIS 设备的培训工作，提升运检人员对 GIS 设备检修水平。

对于存在特殊回路的变电站设备，班组建立和完善工作台账，并结合安全学习进行宣贯，做到工作有备无患。

5）加强设备主人工艺的质量管控能力，严格执行“五通”中变电运维、检修管理规定和要求，逐项落实运检工作内容和要求，逐一检查元器件运行是否正常可靠。

第4章

互　感　器

4.1　互感器相关知识点

4.1.1　互感器的定义

互感器是一种特殊用途变压器，负责将电力系统一次侧的中高电压、大电流转化成二次侧计量、测量仪表及继电保护、自动装置等适用的低电压、小电流。互感器的一次绕组接入电网，二次绕组分别联接测量仪表、保护装置等设备，是一次和二次系统的重要联络元件。电压互感器和电流互感器组合成一体的互感器称为组合式互感器。

4.1.2　互感器的分类

互感器分电压互感器和电流互感器两大类，其主要作用有：配合测量仪表测量电压、电流等电能信息；配合继电保护装置，保护电力系统及其运行设备；隔离线路高压，保证了运行、检修人员的作业安全和继电保护装置的安全；将线路电压、电流转化为统一标准值，便于仪表和继电保护装置的标准化、通用化。

1. 电压互感器

电压互感器分类，如表4－1所示。

表4－1　　电压互感器分类表

序号	分类标准	细化类型
1	安装地点	户内式电压互感器
		户外式电压互感器
2	用途	测量用电压互感器
		保护用电压互感器
3	相数	单相式电压互感器
		三相式电压互感器
4	绕组数	双绕组电压互感器
		三绕组电压互感器
		四绕组式电压互感器

续表

序号	分类标准	细化类型
5	绝缘介质	干式电压互感器
		浇注式电压互感器
		油浸式电压互感器
		气体绝缘电压互感器
6	电压变换原理	电磁式电压互感器
		电容式电压互感器
		光电式电压互感器
7	一次绕组对地运行状态	一次绕组接地的电压互感器
		一次绕组不接地的电压互感器
8	磁路结构	单级式电压互感器
		串级式电压互感器

2. 电流互感器

电流互感器分类，如表 4−2 所示。

表 4−2　　电 流 互 感 器 分 类 表

序号	分类标准	细化类型
1	安装地点	户内式电流互感器
		户外式电流互感器
2	用途	测量用电流互感器
		保护用电流互感器
3	绝缘介质	干式电流互感器
		浇注绝缘电流互感器
		油浸式电流互感器
		气体绝缘电流互感器
4	电流变换原理	电磁式电流互感器
		光电式电流互感器
5	安装方式	贯穿式电流互感器
		支柱式电流互感器
		套管式电流互感器
		母线式电流互感器
6	一次绕组匝数	单匝式电流互感器
		多匝式电流互感器
7	二次绕组所在位置	单电流比电流互感器
		多电流比电流互感器
		多个铁芯电流互感器
8	保护用电流互感器技术性能	稳定特性电流互感器
		暂态特性电流互感器
9	电流属性	交流电流互感器
		直流电流互感器

4.1.3 互感器的基本要求

电力系统对互感器的基本要求有：

（1）互感器绝缘安全可靠；

（2）密封切实可靠；

（3）温度设计可靠；

（4）热动稳定可靠；

（5）限制谐振过电压发生。

4.1.4 互感器设备

（1）电压互感器型号及其含义。

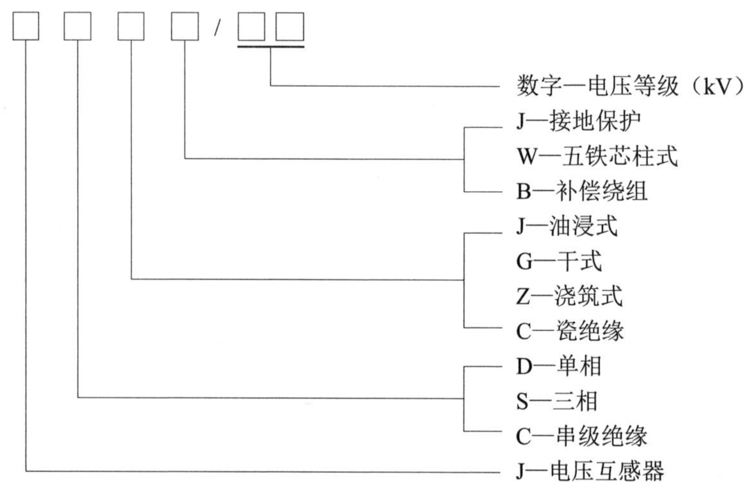

（2）电流互感器型号及其含义。

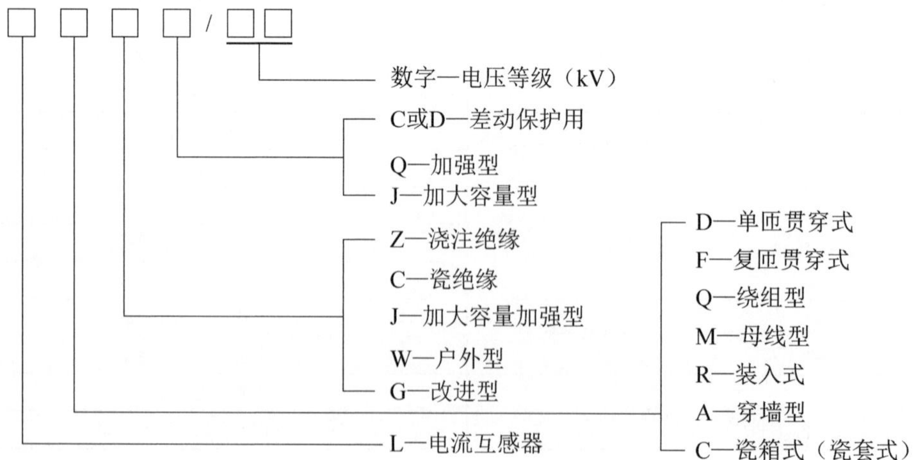

4.2　互感器设计要点

1. 电压互感器设计要点

（1）技术条件。电压互感器应按下列技术条件选择和校验：

1）一次回路电压；

2）二次电压及负荷；

3）继电保护及测量的要求；

4）准确度等级；

5）绝缘水平；

6）温升；

7）系统接地方式；

8）电压因数；

9）兼用于载波通信时电容式电压互感器的高频特性；

10）机械荷载。

（2）使用环境。电压互感器应校验的使用环境条件如表 4－3 所示。

表 4－3　　电压互感器使用环境校验

序号	环境条件	屋内	屋外
1	环境温度	√	√
2	相对湿度	√	○
3	海拔	√	√
4	污秽	○	√
5	最大风速	○	√
6	地震烈度	√	√

注　“√”表示必须校验；“○”表示可不校验。

（3）型式选择。电压互感器的型式按下列使用条件选择：

1）3～35kV 屋内配电装置，宜采用树脂浇注绝缘结构的电磁式电压互感器。

2）35kV 屋外配电装置，宜采用油浸绝缘结构的电磁式电压互感器。

3）110kV 及以上配电装置，当容量和准确度等级满足要求时，宜采用电容式电压互感器。

4）SF_6 全封闭组合电器，宜采用电磁式电压互感器。

（4）其他设计要求。

1）在满足二次电压和负荷要求的条件下，电压互感器宜采用简单接线；需要零序电压 3～20kV 宜采用三相五柱电压互感器或三个单相式电压互感器。

当发电机采用附加直流的定子绕组 100%接地保护装置，而利用电压互感器向定子绕组注入直流时，则所用接于发电机电压的电压互感器一次侧中性点都不得直接接地，如要求接地时，必须经过电容器接地以隔离直流。

2）在中性点非直接接地系统中的电压互感器，为了防止铁磁谐振过电压，应采取消谐措施，并应选用全绝缘。

3）当电容式电压互感器由于开口三角绕组的不平衡电压较高，而影响零序保护装置的灵敏度时，应要求制造厂家装设高次谐波滤过器。

4）用于中性点直接接地系统的电压互感器，其剩余绕组额定电压应为 100V；用于中性点非直接接地系统的电压互感器，其剩余绕组额定电压应为 100/3V。

5）电磁式电压互感器可以兼作并联电容器的泄能设备，但此电压互感器与电容器组之间不应有开断点。

6）火电厂和变电站的电压互感器选择还应符合 DL/T 5136—2012 的要求。

2. 电流互感器设计要点

（1）技术条件。电流互感器需选择和校验的技术条件：

1）一次回路电压、电流；

2）二次负荷及回路电流；

3）继电保护及测量的要求；

4）准确度等级和暂态特性；

5）动稳定、热稳定倍数；

6）温升；

7）机械荷载。

（2）使用环境。电流互感器应校验使用环境如表 4－4 所示。

表 4－4　　电流互感器使用环境校验

序号	环境条件	屋内	屋外
1	环境温度	√	√
2	相对湿度	√	○
3	海拔	√	√
4	最大风速	○	√
5	污秽	○	√
6	系统接地方式	√	√
7	地震烈度	√	√

注　“√”表示必须校验；“○”表示可不校验。

（3）型式选择。电流互感器的型式按下列使用条件选择：

1）3～35kV 屋内配电装置的电流互感器，根据安装使用条件及产品情况，宜选用树脂浇注绝缘结构的电流互感器。

2）35kV 及以上配电装置的电流互感器，宜采用油浸瓷箱式、树脂浇注式、SF_6 气体绝缘结构或光纤式的独立式电流互感器。在有条件时，应采用套管式电流互感器。

（4）其他设计要求。

1）保护用电流互感器选择：

a. 330、500kV 系统及大型发电厂的保护用电流互感器应考虑短路暂态的影响，宜选用具有暂态特性的 TP 类互感器，某些保护装置本身具有克服电流互感器暂态饱和影响的能力，则可按保护装置具体要求选择适当的 P 类电流互感器。

b. 对 220kV 及以下系统的电流互感器一般可不考虑暂态影响，可采用 P 类电流互感器。对某些重要回路可适当提高所选互感器的准确限值系数或饱和电压，以减缓暂态影响。

2）测量用电流互感器选择。选择测量用电流互感器应根据电力系统测量和计量系统的实际需要合理选择互感器的类型。要求在较大工作电流范围内作准确测量时可选用 S 类电流互感器。为保证二次电流在合适的范围内，可采用复变比或二次绕组带抽头的电流互感器。

电能计量用仪表与一般测量仪表在满足准确级条件下，可共用一个二次绕组。

3）电力变压器中性点电流互感器的一次额定电流，应大于变压器允许的不平衡电流，一般可按变压器额定电流的 30%选择。安装在放电间隙回路中的电流互感器，一次额定电流可按 100A 选择。

4）供自耦变压器零序差动保护用的电流互感器，其各侧变比均应一致，一般按中压侧的额定电流选择。

5）在自耦变压器公共绕组上作过负荷保护和测量用的电流互感器，应按公共绕组的允许负荷电流选择。

6）中性点的零序电流互感器应按下列条件选择和校验：

a. 对中性点非直接接地系统，由二次电流及保护灵敏度确定一次回路启动电流，对中性点直接接地或经电阻接地系统，由接地电流和电流互感器准确限值系数确定电流互感器额定一次电流，由二次负荷和电流互感器的容量确定二次额定电流。

b. 按电缆根数及外径选择电缆式零序电流互感器窗口直径。

c. 按一次额定电流选择母线式零序电流互感器母线截面积。

7）选择母线式电流互感器时，尚应校核窗口允许穿过的母线尺寸。

8）发电机横联差动保护用电流互感器的一次电流应按下列情况选择：

a. 安装于各绕组出口处时，宜按定子绕组每个支路的电流选择；

b. 安装于中性点连接线上时，按发电机允许的最大不平衡电流选择，一般可取发电机额定电流的 20%～30%。

9）火力发电厂和变电站的电流互感器选择应符合 DL/T 5136—2012 的要求。

4.3　互感器验收要点

4.3.1　验收分类

互感器验收工作是为确保设备投运后能稳定运行，按照项目的施工进度和安排，对设备的设计、制造、施工和安装等环节进行审查、监督的过程。互感器的验收工作可按项目阶段划分为可研初设审查、厂内验收、到货验收、竣工（预）验收和启动验收五个关键验收环节。

互感器验收可采用资料检查、旁站见证、现场检查和现场抽查等方法。在验收过程中做好验收记录和相关资料留存。同一类型（或者同一厂家）的多台设备可使用一张验收标准卡。

资料检查指对设备安装、试验数据等资料进行检查，所有工艺、数据应符合相关规程规范要求，安装调试前后数值应保持一致性，无明显变化。

旁站见证包括关键工艺、关键工序、关键部位和重点试验的见证。

现场检查包括现场设备外观和功能的检查。

现场抽查是指工程安装调试完毕后，抽检一定比例设备、试验项目，以判断全部设备的安装调试项目是否符合相关规范。现场抽检应明确抽查内容、抽检方法及比例。抽查要求如下：工程安装调试完毕后，设备管理单位应对抽检交接试验项目；样品应按照电压等级、设备类别等因素分别抽取，抽检项目应侧重重点设备和关键试验项目；对于抽检结果不合格的项目，应责成施工单位重新检测所有设备的该类项目；对数据存疑、现场实际需要和反复性问题的设备应进行复试。

4.3.2 可研初设审查

（1）可研初设审查验收由专业技术人员提前审查项目的可研报告、初设资料等相关文件，主要审查、验收互感器设计选型过程中涉及安装处地理条件、技术参数、结构型式等，并提出相关意见。可研初设审查主要项目如表 4－5 所示。

表 4－5　　互感器可研初设审查主要项目

项目分类	电压互感器	电流互感器
参数选型	外绝缘爬距：依据最新版污区分布图进行外绝缘配置	
	二次绕组级次组合：二次绕组数量、电压比、准确等级、输出容量应满足实际需求	
	准确等级：应满足运行要求	额定一次电流：应满足最大负荷电流要求
	输出容量：满足设计校核要求	动、热稳定参数：满足系统最大短路电流要求；一次绕组串联时也应满足安装系统短路容量的要求
	结构型式：① 敞开式变电站 110kV（66kV）及以上电压互感器宜选用电容式。② 油浸式互感器应选用带金属膨胀器微正压结构	结构型式：① 震区宜采用抗地震性能较好的正立式，系统短路电流较大的区域宜采用抗冲击性能较好的倒立式。② 油浸式互感器应选用带金属膨胀器微正压结构。③ 电流互感器二次绕组使用应注意避免保护死区
土建部分	检修通道：应满足现场运维检修需求	

（2）审查时应审核设备选型是否满足电网运行、设备运维、反措等各项要求。

（3）应做好评审记录（见表 4－6），报送公司相应管理部门。

表4-6 项目初设评审记录（样表）

项目名称						
建设管理单位			建设管理单位联系人			
设计单位			设计单位联系人			
参加评审单位						
参加评审人员			评审日期			
序号	审查内容	存在问题	标准依据	整改意见	是否采纳	未采纳原因

4.3.3 厂内验收

厂内验收可划分为关键点见证和出厂验收。关键点见证可以通过查阅制造厂记录、监造记录或现场见证等方式，验收变电设备制造工艺关键点的一项或多项；出厂验收是通过旁站见证方式，验收变电设备外观、出厂试验中的外施工频耐压试验、雷电冲击试验、操作冲击试验、带局部放电测试的长时感应耐压试验、过电流试验或温升试验等关键项目进行旁站见证。同时，可现场抽检相关出厂试验项目。

1. 关键点见证

关键点见证是按照技术监督要求，对设备制造环节进行质量监督，监督、检查设备生产制造过程是否满足设备订货合同、有关规范、标准要求。关键点见证前期应做好以下工作：

（1）了解设备的技术要求，包括设计联络会、技术交底、设计变更等内容；

（2）了解《关键节点见证实施方案》相关内容；

（3）了解合同中明确需见证的关键点。

关键点见证要求如下：

（1）应针对设备制造过程中的关键点或设备管理部认为必要时进行，人员应由班组技术员或工作经验丰富的人员担任。

（2）物资部门应督促制造厂家提交制造计划和关键节点时间；如有变化，物资部门应提前告知设备管理部门。

（3）可通过现场查看和查阅制造厂家记录、监造记录等方式进行。

（4）关键点包括设备选材、干燥处理、器身装配、真空充油及总装配等制造环节。

（5）见证工作应记录相关验收内容（见表4-7）并存档；验收发现质量问题时，验收人员应及时告知物资部门、制造厂家，提出整改意见，并报送设备管理部门。

表 4-7　　　　关键点见证记录（样表）

<table>
<tr><td colspan="2">项目名称</td><td colspan="5"></td></tr>
<tr><td colspan="2">建设管理单位</td><td colspan="2"></td><td colspan="2">建设管理单位联系人</td><td></td></tr>
<tr><td colspan="2">物资部门</td><td colspan="2"></td><td colspan="2">物资部门联系人</td><td></td></tr>
<tr><td colspan="2">供应商</td><td colspan="2"></td><td colspan="2">供应商联系人</td><td></td></tr>
<tr><td colspan="2">设备/材料型号</td><td colspan="2"></td><td colspan="2">生产工号</td><td></td></tr>
<tr><td colspan="2">参加见证单位</td><td colspan="5"></td></tr>
<tr><td colspan="2">参加见证人员</td><td colspan="2"></td><td colspan="2"></td><td></td></tr>
<tr><td colspan="2">见证日期</td><td colspan="5"></td></tr>
<tr><td>序号</td><td colspan="2">见证内容</td><td colspan="2">存在问题</td><td>整改意见</td><td>是否已整改</td></tr>
<tr><td></td><td colspan="2"></td><td colspan="2"></td><td></td><td></td></tr>
<tr><td></td><td colspan="2"></td><td colspan="2"></td><td></td><td></td></tr>
</table>

关键点见证主要内容：审查供应商的质量管理体系、运行情况和现场工作环境；查验主要生产工序的生产设备和生产规程、记录等；审查工作人员资质；查验外购材料是否符合设备制造标准及供应厂家资质；现场监督、见证主要及关键组部件的制造过程；查验合同中约定的产品制造时拟采用的新技术、新材料、新工艺的鉴定资料和实验报告；掌握设备生产、加工、装配和试验的实际进展情况。

2. 出厂验收

出厂验收是指按照设备订货合同、对在制造厂内安装好的设备进行验收。出厂验收由物资部门组织，选派班组技术负责人参与，验收过程形成记录单（见表 4-8）并存档；如有问题一并记录，并由设备管理部门跟踪整改情况。

表 4-8　　　　出厂验收记录（样表）

<table>
<tr><td colspan="2">项目名称</td><td colspan="5"></td></tr>
<tr><td colspan="2">建设管理单位</td><td colspan="2"></td><td colspan="2">建设管理单位联系人</td><td></td></tr>
<tr><td colspan="2">物资部门</td><td colspan="2"></td><td colspan="2">物资部门联系人</td><td></td></tr>
<tr><td colspan="2">供应商</td><td colspan="2"></td><td colspan="2">供应商联系人</td><td></td></tr>
<tr><td colspan="2">设备/材料型号</td><td colspan="2"></td><td colspan="2">生产工号</td><td></td></tr>
<tr><td colspan="2">参加出厂验收单位</td><td colspan="5"></td></tr>
<tr><td colspan="2">参加出厂验收人员</td><td colspan="5"></td></tr>
<tr><td colspan="2">见证日期</td><td colspan="5"></td></tr>
<tr><td>序号</td><td colspan="2">验收内容</td><td colspan="2">存在问题</td><td>整改意见</td><td>是否已整改</td></tr>
<tr><td></td><td colspan="2"></td><td colspan="2"></td><td></td><td></td></tr>
<tr><td></td><td colspan="2"></td><td colspan="2"></td><td></td><td></td></tr>
</table>

出厂验收内容主要包括：

（1）按照合同规定检查见证报告；

（2）所有附件按实际使用方式预装后出厂；

（3）检查组部件、材料、安装结构、试验项目是否符合技术要求；

（4）设备能否满足现场运行、检修要求；

（5）制造中发现的问题及时得到消除；

（6）出厂试验结果应合格，订货合同或协议中明确增加的试验项目应进行；

（7）其他型式试验项目、特殊试验项目应提供合格、有效的试验报告；

（8）出厂验收不合格及整改内容未完成产品出厂后不得进行到货签收。

4.3.4　到货验收

到货验收主要进行货物清点、运输情况检查、包装及外观检查等。到货验收由专业技术人员参加，运输前制造厂家应提供路径图并标明有运输尺寸和重量限制的地点。到货验收主要内容包括：

（1）外包装：核对铭牌参数完整，装箱文件和附件完整，包装材料和密封性符合工艺要求。

（2）检查实物：检查实物与供货单及供货合同一致。

（3）外观检查：

1）铭牌、标志、接地栓、接地符号应符合要求；

2）互感器外观应完整，表面无损伤、无裂纹，附件齐全，无锈蚀及机械损伤，密封应良好。

（4）油位、渗漏油情况：设备油位正常、密封严密、无渗油。

（5）充气压力（气体绝缘）：充气设备保持微正压运输。

（6）检查冲撞记录仪：设备运输时应按要求安装三维冲撞记录仪（或振动子），到货时检查其冲击值，并留存记录纸和押运记录复印件。若数值异常设备应返厂解体。

（7）制造厂应免费随设备提供出厂试验报告、使用说明书、产品合格证、安装图纸等相关资料。

4.3.5　竣工验收

（1）竣工验收是指对设备外观、动作、信号进行检查核对。竣工验收应符合以下条件：

1）施工单位完成三级自检并出具自检报告。

2）监理单位完成全过程验收并出具监理报告。

3）现场设备生产及各类生产辅助设施准备完成。

4）施工图纸、单体调试报告、交接试验报告、安装记录及设备技术资料等准备齐全，满足投产运行的需要。

（2）竣工验收由建设管理单位提交计划，设备管理部门进行审核，并派专业技术人员参与，验收要求包括：

1）检查核对设备外观。

2）核查互感器交接试验报告，确保项目所有试验项目齐全合格，并与出厂试验数据无明显差异；对电流互感器交流耐压试验进行旁站见证。

3）检查、核对设备相关文件资料是否齐全，是否符合验收规范、技术合同等要求。

4）针对不同电压等级的互感器，应按照不同的交接试验项目、标准检查安装记录、试验报告。

5）根据电压等级、设备结构、组部件选择相应的验收标准。

6）现场验收应保存记录并存档。若存在问题，应有工程设计、施工、建立单位进行落实整改，整改完成后再次进行现场复验，直至满足整体要求。

4.3.6 启动验收

启动验收是在设备投运前开展设备外观检查、运行状况的评估验收检查。启动验收内容包括互感器本体外观检查、油位和电流互感器的密度指示等。发现质量问题应及时告知项目管理单位和施工单位，并立即进行整改；对于无法立即整改的问题，应做好记录并反馈设备管理部门。

4.4 互感器运检要点

4.4.1 “运检合一”模式下的管理维护要求

互感器是一种特殊用途变压器，负责将电力系统一次侧的中高电压、大电流转化成二次侧计量、测量仪表及继电保护、自动装等置适用的低电压、小电流。互感器的一次绕组接入电网，二次绕组分别联接测量仪表、保护装置等设备，是一次和二次系统的重要联络元件。互感器作为电力系统一个重要设备，其在电网安全运行中扮演着重要的角色，充分利用“运检合一”下“安全、优质、高效”的运检管理模式，制订互感器设备日常管理规范，能够大幅度地提高互感器设备相关业务的运作效率，同时也提高运检人员技能水平。

针对“运检合一”模式下对互感器设备的日常管理，主要从人员的职责明确、日常管理的职责规范及相关业务的执行流程规范三个方面进行阐述。

1. 互感器相关业务中人员职责明确

针对互感器设备日常相关运维检修工作，每项工作开展前制订相应的职责，明确运检人员的职责。例如在进行互感器消缺等工作中，在管理部门统一部署下，成立“互感器设备运行维护工作组”“互感器设备检修工作组”“互感器设备主人工作组”，如图 4-1 所示。在设备运维及检修过程中，各组之间相互协调，运检人员灵活调配，同时充分发挥设备主人制，各专业相互融合，充分发挥各专业的优势，充分发挥员工个人潜能和提高运维检修工作的效率。

2. 互感器设备日常管理的职责规范

（1）互感器设备相关运维业务。

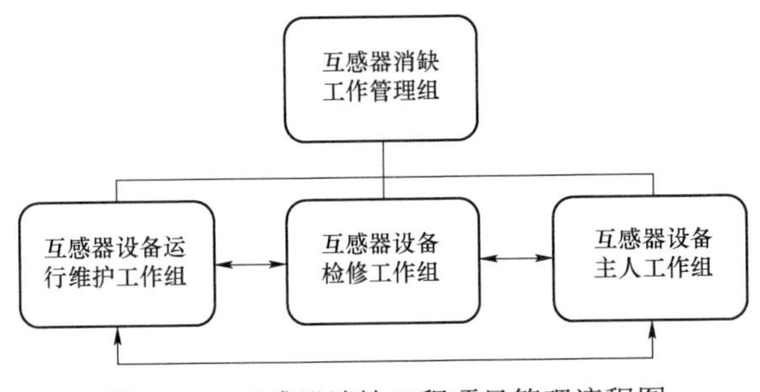

图4－1　互感器消缺工程项目管理流程图

1）互感器设备出现的事故及异常情况的应急处置；相应间隔的倒闸操作；工作许可；设备主人制度的开展；互感器巡视；互感器相关维护等运维工作。

2）互感器设备出现的缺陷跟踪、隐患排查及分析等。

3）互感器设备台账、设备技术档案、互感器相关规程制度、图纸、相关备品备件及记录簿册的管理等。

4）互感器设备技改、大修、设备改造等工程的验收及工程的生产运行准备工作。

5）编制互感器设备相关运行规程、一站一库、互感器事故处理预案。

（2）互感器设备相关检修、消缺。

互感器等充油设备的补油；互感器设备消缺，发热、渗油、漏油、绝缘、溶解气体含量异常、互感器本体机构异常等缺陷的处理，互感器精确测温等工作。

3. 互感器设备相关业务的执行流程规范

（1）制订互感器设备的倒闸操作流程。倒闸操作应严格遵守安全规程、调度规程和变电站现场运行规程。经上级部门考试合格、批准的运维检修人员，可进行互感器设备间隔的倒闸操作。

（2）制订互感器设备的工作票流程。工作票按照标准流程执行。运检人员承担工作票许可、终结、归档职责。

（3）互感器设备一般运维业务。互感器设备一般运维业务应包括设备巡视（特巡）、日常维护、隐患排查、运维一体化、缺陷跟踪、应急响应及处置等工作。运检人员均应按照《变电五项管理规定》的要求执行互感器设备的运维业务。

4. 互感器设备检修、消缺业务流程

互感器设备检修工作中运检人员依据计划安排实施，并及时将实施情况反馈。互感器设备消缺工作由运检人员按要求正常上报缺陷，技术部门缺陷专职依据缺陷内容安排消缺。互感器设备常用备件由运检人员自备，特殊备品、备件由技术部门协调提供。

4.4.2　运行规定

1. 电压互感器运行规定

（1）一般规定。

1）新投入或大修后（含二次回路更动）的电压互感器必须核相。

2）电压互感器二次绕组所接负荷应在准确等级所规定的负荷范围内。

3）电压互感器二次侧严禁短路。

4）各二次绕组（包括备用）均必须有可靠的保护接地，且只有一个接地点。

5）应及时处理或更换已确认存在严重缺陷的电压互感器。对怀疑存在缺陷的电压互感器，应缩短试验周期进行跟踪检查和分析查明原因。

6）停运中的电压互感器投入运行后，应立即检查相关电压指示情况和本体有无异常现象。

7）新装或检修后，应检查电压互感器三相的油位指示正常，并保持一致，运行中的互感器应保持微正压。

8）中性点非有效接地系统中，作单相接地监视用的电压互感器，一次中性点应接地。为防止谐振过电压，应在一次中性点或二次回路装设消谐装置。

9）双母线接线方式下，一组母线电压互感器退出运行时，应加强运行电压互感器的巡视和红外测温。

10）电磁式电压互感器一次绕组 N（X）端必须可靠接地。电容式电压互感器的电容分压器低压端子（N、δ、J）必须通过载波回路线圈接地或直接接地。

11）具有吸湿器的电压互感器，运行中其吸湿剂应干燥，油封油位应正常，呼吸应正常。

12）SF_6 电压互感器投运前，应检查电压互感器无漏气，SF_6 气体压力指示与生产厂家规定相符，三相气压应调整一致。

13）SF_6 电压互感器压力不在正常压力范围时，应及时上报并查明原因，对低压力设备进行补气。

14）SF_6 电压互感器密度继电器应便于运维人员观察，防雨罩应安装牢固，能将表、控制电缆接线端子遮盖。

（2）紧急申请停运的规定。发现有下列情况之一，运维人员应立即汇报值班调控人员申请将电压互感器停运，停运前应远离设备：

1）高压熔断器连续熔断。

2）油浸式电压互感器严重漏油，看不到油位。

3）电容式电压互感器电容分压器出现漏油。

4）膨胀器永久性变形或漏油。

5）SF_6 电压互感器严重漏气或气体压力低于生产厂家规定的最小运行压力值。设备的油化。

6）试验或 SF_6 气体试验时主要指标超过规定不能继续运行。

7）外绝缘严重裂纹、破损，电压互感器有严重放电，已威胁安全运行时。

8）电压互感器本体或引线端子有严重过热。

9）内部有严重异音、异味、冒烟或着火。

10）压力释放装置（防爆片）已冲破。

11）电压互感器接地端子 N（X）开路、二次短路，不能消除。

12）其他根据现场实际认为应紧急停运的情况。

2. 电流互感器运行规定

（1）一般规定。

1）电流互感器二次绕组所带负荷应于准确等级相符。

2）电流互感器二次侧严禁开路，备用设备二次绕组应短接接地。

3）电流互感器在设备最高电压下和额定连续热电流下可以长期运行。

4）运行中的电流互感器二次侧只允许有一个接地点。

5）电流互感器在投运前及运行中应注意检查各部位接地是否牢固可靠，末屏应可靠接地，严防出现内部悬空的假接地现象。

6）应及时处理或更换已确认存在严重缺陷的电流互感器。对怀疑存在缺陷的电流互感器，应缩短试验周期进行跟踪检查和分析查明原因。

7）停运中的电流互感器投入运行后，应立即检查相关电流指示情况和本体有无异常现象。

8）新投入或大修后（含二次回路更动）的电流互感器必须核对相序、极性。

9）新装或检修后，应检查电流互感器油位指示正常，并三相保持一致，电流互感器在运行中应保持微正压。

10）电流互感器运行时，其吸湿器中吸湿剂应干燥，油封油位、呼吸正常。

11）SF_6 电流互感器投运前，应检查无漏气，气体压力指示与制造厂规定相符，三相气压应调整一致。

12）SF_6 电流互感器压力值异常时，应及时上报并查明原因，对低压力设备应及时补气。

13）SF_6 电流互感器密度继电器应便于运维人员观察，防雨罩应安装牢固，能将表计、控制电缆接线端子遮盖。

14）设备故障跳闸后，未确定故障原因时，应对 SF_6 电流互感器进行气体分解产物检测，避免带故障强送电再次放电。

15）对硅橡胶套管或加装硅橡胶伞裙的瓷套，应经常检查硅橡胶表面有无放电痕迹现象，如有放电应及时处理。

（2）紧急申请停运的规定。发现有下列情况时，运维人员应立即汇报值班调控人员申请将电流互感器停运，停运前应远离设备：

1）外绝缘严重裂纹、破损，严重放电。

2）本体或引线接头严重过热。

3）严重漏油、看不到油位。

4）严重异声、异味、冒烟或着火。

5）严重漏气、气体压力表指示为零。

6）末屏开路。

7）压力释放装置（防爆片）已冲破。

8）金属膨胀器异常伸长顶起上盖。

9）二次回路开路不能立即恢复时。

10）设备的 SF_6 气体试验或油化试验的主要指标超过规定不能继续运行。

11）其他根据现场实际认为应紧急停运的情况。

4.4.3 检修分类及要求

互感器的检修工作可划分为A、B、C、D四类。其中A类检修指设备的整体更换和解体检修；B类检修指设备局部性检修；C类检修指设备例行检查及试验工作；D类检修指设备不停电状态下开展的检修工作，包括前述运维要点中的专业巡视。

其中C类检修是评估设备状态的重要手段之一，包括带电巡检和停电检修，能够及时发现事故的隐患，确保设备正常运行。

4.4.4 巡视要点

1. 电压互感器巡视要点

（1）例行巡视。

1）外绝缘表面完整，无裂纹、无放电痕迹、无老化迹象，防污闪涂料完整无脱落。

2）各连接引线及接头无松动、无发热、无变色迹象，引线无断股、无散股。

3）金属部位无锈蚀；底座、支架、基础牢固，无倾斜变形。

4）无异常振动、异常声响及异味。

5）接地引下线无锈蚀、无松动情况。

6）二次接线盒关闭紧密，电缆进出口密封良好；端子箱门关闭良好。

7）均压环完整、牢固，无异常可见电晕。

8）油浸电压互感器油色、油位指示正常，各部位无渗漏油现象；金属膨胀器膨胀位置指示正常；吸湿器硅胶变色体积超过相关要求。

9）SF_6电压互感器压力指示正常，无漏气现象，防爆膜无破裂，密度继电器正常。

10）电容式电压互感器的电容分压器及电磁单元无渗漏油。

11）干式电压互感器外绝缘表面无粉蚀、开裂、凝露、放电现象，外露铁芯无锈蚀。

12）部分电容式电压互感器电容分压器各节之间防晕罩连接可靠。

13）设备铭牌、接地标识、设备标示牌、相序标注齐全、清晰。

14）原存在的设备缺陷是否有劣化趋势。

（2）全面巡视。除例行巡视项目外，还需增加以下项目：

1）端子箱门开启灵活、关闭严密，无变形、无锈蚀，接地牢固，标识清晰。

2）端子箱内孔洞封堵严密，照明完好，电缆标牌齐全完整。

3）端子箱内内部清洁，无异常气味、无受潮凝露现象；驱潮加热装置运行正常，加热器按要求正确投退。

4）端子箱内各二次空气开关、隔离开关、切换把手、熔断器投退正确，二次接线名称齐全，引接线端子无松动、无过热、无打火现象，接地牢固可靠。

5）检查SF_6密度继电器压力正常，记录SF_6气体压力值。

（3）熄灯巡视。

1）引线、接头无放电、无发热和无严重电晕迹象。

2）外绝缘套管无闪络、放电。

（4）专业巡视要点。

1）油浸式电压互感器专业巡视：① 设备外观完好、无渗漏；外绝缘表面清洁、无裂纹及放电现象。② 本体油位正常。③ 一、二次引线连接正常，各连接接头无过热迹象，本体温度无异常。④ 设备金属部位无锈蚀，底座和构架牢固、无变形倾斜。⑤ 端子箱密封良好，二次回路主熔断器或自动开关完好。⑥ 电容式电压互感器二次电压（包括开口三角形电压）无异常波动。⑦ 无异常声响、振动和气味。⑧ 接地点连接可靠。⑨ 上、下节电容单元连接线完好，无松动。⑩ 外装式一次消谐装置外观良好，安装牢固。

2）干式电压互感器专业巡视：① 设备外观完好，外绝缘表面清洁、无裂纹及放电现象。② 设备金属部位无锈蚀，底座和构架牢固、无变形倾斜。③ 一、二次引线连接正常，各连接接头无过热迹象，本体温度无异常。④ 二次回路主熔断器或自动开关完好。⑤ 无异常声响、振动和气味。⑥ 接地点连接可靠。⑦ 一次消谐装置外观完好，连接紧固，接地完好。⑧ 电子式电压互感器电压采集单元接触良好，二次输出电压正常。⑨ 外装式一次消谐装置外观良好，安装牢固。

3）SF_6电压互感器专业巡视：① 设备外观完好，外绝缘表面清洁、无裂纹及放电现象。② 设备金属部位无锈蚀，底座和构架牢固、无变形倾斜。③ 一、二次引线连接正常，各连接接头无过热迹象，本体温度无异常。④ 密度继电器（压力表）指示在正常区域，无漏气现象。⑤ 二次回路主熔断器或自动开关应完好。⑥ 二次电压（包括开口三角形电压）无异常波动。⑦ 无异常声响、振动和气味。⑧ 接地点连接可靠。⑨ 外装式一次消谐装置外观良好，安装牢固。

（5）特殊巡视。

1）异常天气时：

a. 气温骤变时，检查引线受力，是否断股，接头部位无发热；设备无漏气、无渗漏油现象，SF_6气体压力指示及油位指示正常；端子箱无凝露。

b. 雷雨、大风、冰雹等恶劣天气过后，检查导引线是否有断股、散股迹象，设备上无积存杂物，外绝缘无闪络放电痕迹和裂痕。

c. 大雾、雾霾、毛毛雨天气时，检查外绝缘无沿面闪络和放电，重点监视瓷质污秽，必要时开展夜间熄灯检查。

d. 高温天气时：检查油位指示正常，SF_6气体压力应正常。

e. 覆冰天气时，检查外绝缘表面覆冰情况及冰凌桥接程度。

f. 大雪天气时，及时清除导引线上的积雪和冰柱，根据积雪溶化迹象检查接头部位是否发热。

2）故障跳闸后的巡视。故障范围内的电压互感器重点检查导线有无烧伤、无断股，油位、油色、气体压力等是否正常，有无喷油、无漏气异常情况等，绝缘子有无污闪、无破损现象。

2. 电流互感器巡视要点

（1）例行巡视。

1）各连接引线及接头无发热、无变色迹象，引线无断股、无散股。

2）外绝缘表面完整，无裂纹、放电痕迹、老化迹象，防污闪涂料完整无脱落。

3）无异常振动、无异常声响及异味。

4）底座、支架、基础无变形倾斜，金属部位无锈蚀。

5）底座接地可靠，无锈蚀、无脱焊现象，整体无倾斜。

6）二次接线盒关闭紧密，电缆进出口密封良好。

7）接地标识、出厂铭牌、设备标识牌、相序标识齐全、清晰。

8）油浸电流互感器油位指示正常，无渗漏油；吸湿器硅胶变色体积符合相关要求；金属膨胀器无变形，膨胀位置指示正常。

9）干式电流互感器外绝缘表面无粉蚀、无开裂，无放电现象，外露铁芯无锈蚀。

10）SF_6电流互感器压力正常，无漏气现象，密度继电器正常，防爆膜无破裂。

11）原存在的设备缺陷是否有发展趋势。

（2）全面巡视。除例行巡视项目外，还需增加以下项目：

1）端子箱门开启灵活、关闭严密，无变形锈蚀，接地牢固，标识清晰。

2）端子箱内孔洞封堵严密，照明完好；电缆标牌齐全、完整。

3）端子箱内部清洁，无异常气味、无受潮凝露现象；驱潮加热装置运行正常，加热器按季节和要求正确投退。

4）端子箱内各空气开关投退正确，二次接线名称齐全，引接线端子无松动、无过热、无打火现象，接地牢固可靠。

5）记录并核查SF_6气体压力值，应无明显变化。

（3）熄灯巡视。

1）引线、接头无放电、无发热、无严重电晕迹象。

2）外绝缘无闪络、无放电。

（4）专业巡视。

1）油浸式电流互感器专业巡视：① 设备外观完好、无渗漏；外绝缘表面清洁、无裂纹及放电现象。② 设备外涂漆层清洁、无大面积掉漆，底座、构架牢固，无变形倾斜，金属部位无锈蚀。③ 一次、二次、末屏引线接触良好，接头无过热，各连接引线无发热、变色，本体温度无异常，一次导电杆及端子无变形、无裂痕。④ 油位正常。⑤ 本体二次接线盒密封良好，无锈蚀。无异常声响、异常振动和异常气味。⑥ 接地点连接可靠。⑦ 一次接线板支撑瓷瓶无异常。⑧ 一次接线板过电压保护器表面清洁、无裂纹。

2）干式电流互感器专业巡视：① 设备外观完好；外绝缘表面清洁、无裂纹、漏胶及放电现象。② 设备外涂漆层清洁、无大面积掉漆。③ 底座、构架牢固，无变形倾斜，金属部位无锈蚀。④ 一、二次引线接触良好，接头无过热，各连接引线无过热迹象，本体温度无异常。⑤ 本体二次接线盒密封良好，无锈蚀。无异常声响、异常振动和异常气味。⑥ 无异常声响、异常振动和异常气味。⑦ 接地点连接可靠。

3）SF_6电流互感器专业巡视：① 设备外观完好；外绝缘表面清洁、无裂纹及放电现象。② 设备外涂漆层清洁、无大面积掉漆。③ 底座、构架牢固，无变形倾斜，金属部位无锈蚀。④ 一、二次引线接触良好，接头无过热，各连接引线无发热迹象，本体温度无异常。⑤ 检查密度继电器（压力表）指示在正常规定范围，无漏气现象。⑥ 本体二次接线盒密封良好，无锈蚀。无异常声响、异常振动和异常气味。⑦ 无异常声响、异常振动和异常气味。⑧ 接地点连接可靠。

（5）特殊巡视。

1）大负荷运行期间。

a. 检查接头无发热、本体无异常声响、异味。必要时用红外热像仪检查电流互感器本体、引线接头的发热情况。

b. 检查 SF_6气体压力指示或油位指示正常。

2）异常天气时。

a. 气温骤变时，检查一次引线接头无异常受力，引线接头部位无发热现象；各密封部位无漏气、渗漏油现象，SF_6气体压力指示及油位指示正常；端子箱内无受潮凝露。

b. 雷雨、大风、冰雹天气过后，检查导引线无断股迹象，设备上无飘落杂物，外绝缘无闪络放电痕迹及破裂现象。

c. 大雾、雾霾、毛毛雨天气时，检查无沿表面闪络和放电，重点监视瓷质污秽部分，必要时夜间熄灯检查。

d. 高温及严寒天气时，检查油位指示正常，SF_6气体压力正常。

e. 覆冰天气时，检查外绝缘冰凌桥接程度及覆冰情况。

3）故障跳闸后的巡视。故障范围内的电流互感器重点检查油位、气体压力是否正常，有无喷油、漏气，导线有无烧伤、断股，绝缘子有无闪络、破损等现象。

4.4.5　操作要点

1. 电压互感器操作要点

（1）电压互感器退出时，应先断开二次空气开关（或取下二次熔断器），后拉开高压侧隔离开关；直接连接在线路、变压器或母线上的电压互感器应在其连接的一次设备停电后拉开二次空气开关（或取下二次熔断器）；投入时顺序相反。

（2）电压互感器停用前，应断开二次回路主熔断器或二次空气开关，防止电压反送；按要求变更运行方式，防止继电保护误动和拒动。

（3）禁止用隔离开关或高压熔断器拉开有故障的电压互感器。

（4）66kV 及以下中性点非有效接地系统发生单相接地或产生谐振时，禁止用隔离开关或高压熔断器拉、合电压互感器。

（5）倒闸操作时，不宜使用带断口电容器的断路器投切带电磁式电压互感器的空母线。

（6）电压互感器高压侧装设的高压熔断器应在停电并采取安全措施后才能装取。低压回路停电时应先拉开隔离开关，后取下熔断器，送电时相反。

（7）分别接在两段母线上的电压互感器并列时，应先将一次侧并列操作，再进行二次并列操作。

（8）电压互感器故障时，严禁两台电压互感器二次并列。

2. 电流互感器操作要点

（1）电流互感器使用时，应确保极性连接正确。

（2）二次回路应设保护性接地点，并可靠连接。

（3）运行中的二次绕组不允许开路。在运行中若发现电流互感器的二次绕组开路，应及时进行停电处理。

4.4.6 维护要点

1. 电压互感器维护要点

（1）高压熔断器更换。

1）运行中电压互感器高压熔断器熔断时，应立即停电进行更换。

2）高压熔断器的更换应在电压互感器停电并做好安全措施后方可进行，并采取相应的措施，防止继电保护、自动装置误动、拒动。

3）更换前，应核对高压熔断器型号、技术参数与被更换的一致，并验证其良好。

4）更换前，应检查电压互感器无异常。

5）带撞击器的高压熔断器更换时，应注意其安装方向正确。

6）更换完毕送电后，应立即检查相应电压情况。

7）高压熔断器连续熔断，汇报值班调控人员，申请停运，由检修人员对电压互感器检查试验合格后，方能对电压互感器送电。

（2）二次熔断器、二次空气开关更换。

1）运行中电压互感器二次回路熔断器熔断、二次空气开关损坏时，应立即进行更换，并采取相应的措施，防止继电保护、自动装置误动、拒动。

2）更换前应做好安全措施，防止二次回路短路或接地。

3）更换时，应采用型号、技术参数一致的备品。

4）更换后，应立即检查相应的电压指示，确认电压互感器二次回路是否恢复正常，存在异常，按照缺陷流程处理。

（3）红外检测。电压互感器红外检测工作重点检测互感器本体。

2. 电流互感器维护要点

定期对电流互感器开展红外检测工作，检测范围包括本体、引线、接头、二次回路。

4.4.7 检修要点

1. 电压互感器例行检修要点

电压互感器例行检修项目因设备设计原理和结构不同，分别介绍电容式和电磁式电压互感器的例行检修项目。

（1）电容式电压互感器例行检修项目及要求如表 4-9 所示。

表 4－9　电容式电压互感器例行检修项目

序号	检修项目	要　求
1	红外热像检测	检测设备本体、高压引线连接处等，红外热像图应无异常
2	二次绕组绝缘电阻	检测二次绕组绝缘电阻
3	分压电容器试验	同时测量电容量和介质损耗因数；多节串联设备应分节独立测量

（2）电磁式电压互感器例行检修项目及要求如表 4－10 所示。

表 4－10　电磁式电压互感器例行检修项目

序号	检修项目	要　求
1	红外热像检测	检测设备本体、高压引线连接处等，红外热像图应无异常
2	绕组绝缘电阻	同等或相近测量条件下，绝缘电阻应无显著降低
3	绕组绝缘介质损耗因数（20℃）	测量一次绕组的电容量和介质损耗因数，作为综合分析的参考
4	油中溶解气体分析	对油纸绝缘设备进行检测。检查油位，若技术文中有设备取样的特别提示，需注意。制造厂家明确禁止取油样时，例行检修时不做
5	SF_6气体湿度检测（带电）	对 SF_6绝缘设备进行检测。SF_6气体可从密度监视器处取样。测量完成之后，按要求恢复密度监视器，注意按力矩要求紧固

2. 电流互感器例行检修要点

电流互感器例行检修项目及要求如表 4－11 所示。

表 4－11　电流互感器例行检修项目

序号	检修项目	要　求
1	红外热像检测	检测设备本体、高压引线连接处等，红外热像图应无异常
2	油中溶解气体分析	对油纸绝缘设备进行检测。检查油位，若技术文中有设备取样的特别提示，需注意。制造厂家明确禁止取油样时，例行检修时不做
3	电容量和介质损耗因数	对固体绝缘或油纸绝缘设备进行检测。测量前应确认外绝缘表面清洁、干燥。如果测量值异常，可测量介质损耗因数与测量电压之间的关系曲线，当末屏绝缘电阻不能满足要求时，可测量末屏介质损耗因数做进一步判断
4	绝缘电阻	当有两个一次绕组时，还应测量一次绕组间的绝缘电阻。有末屏端子的，测量末屏对地绝缘。测量结果应符合要求
5	SF_6气体湿度检测（带电）	对 SF_6绝缘设备进行检测。SF_6气体可从密度监视器处取样。测量完成之后，按要求恢复密度监视器，注意按力矩要求紧固
6	相对介质损耗因数（带电）	对固体绝缘或油纸绝缘设备进行检测。检测从电容末端接地线上取信号
7	相对电容量比值（带电）	

4.4.8　故障检修要点

1. 电压互感器故障检修要点

（1）电容式电压互感器故障检修项目及要求如表 4－12 所示。

表 4－12　　电容式电压互感器故障检修项目

序号	检修项目	要　求
1	局部放电测量	诊断设备是否存在严重局部放电缺陷。试验应在完整的电容式电压互感器上进行。若达不到试验电压要求，可对单节分压电容进行测量
2	分压电容器试验	测量电容量和介质损耗因数；多节串联设备应分节独立测量
3	电磁单元感应耐压试验	对电磁单元与电容分压器可拆分的设备进行试验，试验前将二者分离
4	电磁单元绝缘油击穿电压和水分测量	当二次绕组绝缘电阻不能满足要求，或存在密封缺陷时进行检测
5	阻尼装置检查	结果应符合设备技术文件要求
6	相对介质损耗因数（带电）	检测从电容末端接地线上取信号
7	相对电容量比值（带电）	

（2）电磁式电压互感器故障检修项目及要求如表 4－13 所示。

表 4－13　　电磁式电压互感器故障检修项目

序号	检修项目	要　求
1	交流耐压试验	用于确认设备绝缘介质强度。一次绕组采用感应耐压，二次绕组采用外施耐压
2	局部放电测量	检验设备是否存在严重局部放电。测量结果符合技术要求
3	绝缘油试验	对油纸绝缘设备进行检测。对制造厂家明确禁止取油样的设备，在怀疑绝缘油存在质量问题时进行取样检测。检测项目包括视觉检查、水分、击穿电压、介质损耗因数（90℃）、酸值和油中含气量（v/v），各指标均应符合技术要求
4	SF_6 气体成分分析	对 SF_6 绝缘设备进行检测。怀疑 SF_6 气体质量存在问题或配合事故分析时，可选择性本项目。对于运行中的 SF_6 设备，若检出 SO_2 或 H_2S 等杂质组分含量异常，应综合分析 CO、CF_4 含量及其他检测结果、设备运行工况、电气特性等因素
5	支架介质损耗测量	测量结果符合技术要求
6	励磁特性测量	对核心部件或主体进行解体性检修之后，或计量要求时开展
7	电压比校核	对核心部件或主体进行解体性检修之后，或需要确认电压比时开展
8	气体密封性检测	对 SF_6 绝缘设备进行检测。当怀疑有局部放电时，应结合其他检测方法的检测结果进行综合分析
9	气体密度表（继电器）校验	对 SF_6 绝缘设备进行检测。达到制造厂家推荐的校验周期表或计数据显示异常时开展
10	高频局部放电检测（带电）	当怀疑有局部放电时，应结合其他检测方法的检测结果进行综合分析。要求无异常放电

2. 电流互感器故障检修要点

电流互感器例行检修项目及要求如表 4－14 所示。

表 4－14　　电流互感器例行检修项目

序号	检修项目	要　求
1	绝缘油试验	对油纸绝缘设备进行检测。对制造厂家明确禁止取油样的设备，在怀疑绝缘油存在质量问题时进行取样检测。检测项目包括视觉检查、基础按电压、水分、介质损耗因数（90℃）、酸值和油中含气量（v/v），各指标均应符合技术要求

续表

序号	检修项目	要　求
2	交流耐压试验	确认设备绝缘介质强度时进行。如 SF_6 电流互感器压力不足时，应在补气后做老练和交流耐压试验
3	局部放电测量	检验是否存在严重局部放电时进行本项目。要求无异常放电
4	绕组电阻测量	红外检测温升异常，或怀疑一次绕组存在接触不良时，应测量一次绕组电阻。要求测量结果与初值比没有明显增加，并符合设备技术文件要求。二次电流异常，或有二次绕组方面的家族缺陷时，应测量二次绕组电阻，分析时应考虑温度的影响
5	电流比校核	需要确认电流比或对核心部件或主体进行解体性检修之后进行。从一次侧注入任一电流值，测量二次侧电流，校核电流比
6	气体密封性检测	对 SF_6 绝缘设备进行检测。发现气体泄漏或标记显示压力降低时进行
7	气体密度表（继电器）校验	对 SF_6 绝缘设备进行检测。达到制造厂家推荐的校验周期或数据显示异常时进行。校验按设备技术文件要求进行
8	高频局部放电检测（带电）	油纸绝缘电流互感器检测可从套管末屏接地线上取信号。 当怀疑有局部放电时，应结合其他检测方法的检测结果进行综合分析
9	SF_6 气体纯度分析（带电）	对 SF_6 绝缘设备进行检测。怀疑 SF_6 气体质量存在问题，或者配合事故分析时，可选择性地进行 SF_6 气体成分分析。对于运行中的 SF_6 设备，若检出 SO_2 或 H_2S 等杂质组分含量异常，应综合分析 CO、CF_4 含量及其他检测结果、设备运行工况、电气特性等因素

4.5　互感器典型案例分析

4.5.1　互感器检修试验典型案例分析一

1. 缺陷概况

11 时，地区监控班来电：××变电站 1 号电抗器保测装置异常光字亮，后台检查发现 35kVⅢ段母线电压偏低，初步判断 C 相高压熔丝熔断，运检人员立即汇报地调，同时立即前往现场进行检查与消缺工作。

2. 运检人员原因分析及处理

50min 后，运维人员到达现场检查后发现 1 号电抗器开关三相电压：A 相为 21.27kV，B 相为 21.07kV，C 相为 15.08kV，后台 1 号电抗器开关 TV 断线或失压光字反复动作复归，现场保测装置上运行告警灯亮，液晶显示 TV 断线或失压。当地后台检查：35kVⅢ段母线电压：A 相为 21.25kV，B 相为 20.92kV，C 相为 15.64kV。××变电站 35kVⅢ段母线电压互感器低压交流空气开关上下桩头测量后电压：AB 相为 105kV 左右，AC 相及 BC 相为 90kV 左右，A 相及 B 相为 60kV 左右，C 相为 40kV 左右，与后台显示电压基本对应，经过现场详细踏勘，该电压互感器柜内和上层母线有隔离，故计划停役电压互感器，并依据运检一体化操作卡更换相应熔丝。

随后两位运检人员根据调度正令拟写操作票，审核无误后按步操作停役 35kVⅢ段母线电压互感器。而后两名操作人员立刻转变身份，一人转变为工作负责人，一人转变为工作许可人，进行工作许可手续。交接与许可完毕后，工作负责人再带领运检人员进行消缺工作，工作无缝衔接，提升了缺陷处理的时效性。

14:23，××变 35kVⅢ段母线电压恢复正常，标志着本次消缺工作圆满结束。本次危急缺陷仅用 3.5h 就完成危急缺陷的消缺工作。

3. 总结

××公司实施“运检合一”后，运检人员承担相关设备停复役及部门缺陷的消缺工作，工作闭环在班组实现，实现职责有效互换，提高生产资源调配效率。人员车辆安排由原来的“运维”+“检修”两车三人变为“运检”一车两人就能进行处理，节省了车辆资源、人力资源还有提升了危急缺陷下处理的时效性，如图 4－2 所示。

图 4－2　35kV 电压互感器危急缺陷处理现场（运维人员充当工作负责人与操作人员）

4.5.2　互感器检修试验典型案例分析二

13 时 24 分，××变电站 220kV 副母电压互感器按照计划完成技改更换，进行投产启动冲击，在冲击过程中运维人员发现 220kV 副母电压互感器 C 相二次端子箱出现放电声，接线盒处有冒烟现象，运检人员于 13 时 31 分拉开 220kV 母联断路器，后恢复至副母电压互感器间隔检修状态，并立即检查。

1. 运检人员现场自行检查处理情况

（1）220kV 副母电压互感器基本信息。220kV 副母电压互感器，生产厂家：某有限责任公司，设备型号：型号为 TYD3 220/－0.01H，出厂编号为 14210，具体铭牌如图 4－3 所示。

该 220kV 副母电压互感器在投产前完成各项试验检查相关工作，经检查各项试验数据均合格，设备参数符合运行条件。

（2）现场检查情况。现场对设备外观进行检测未发现异常。打开 220kV 副母电压互感器 C 相接线盒，发现内部存在明显的放电烧蚀痕迹，如图 4－4 所示，放电点为电压互感器 C 相 N 端子（载波接地端子）附近，其中剩余绕组端子 dn 接线被电弧烧灼。对接线盒各接线端子进行检查，发现 N 端子处未可靠接地。

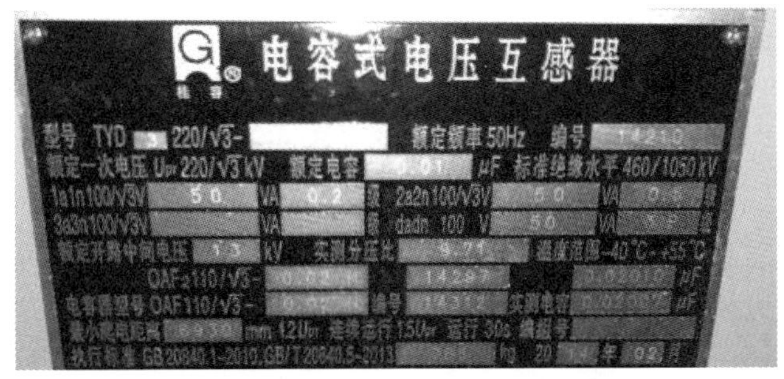

图 4－3　220kV 副母电压互感器铭牌信息

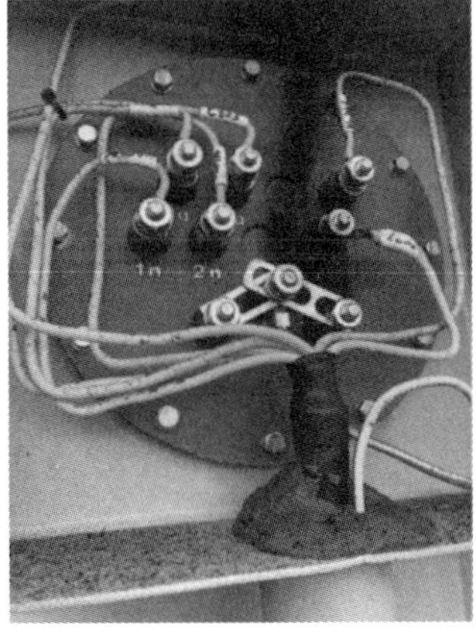

图 4－4　220kV 副母电压互感器接线盒放电情况

（3）异常原因分析。电容式电压互感器原理如图 4－5 所示，图 4－5（a）为载波端子 N 端可靠接地原理图，图 4－5（b）为 N 端不可靠接地原理图。在未连接载波装置时，运行中 XL、N 均应与地线可靠连接，否则会产生悬浮电位引发放电。

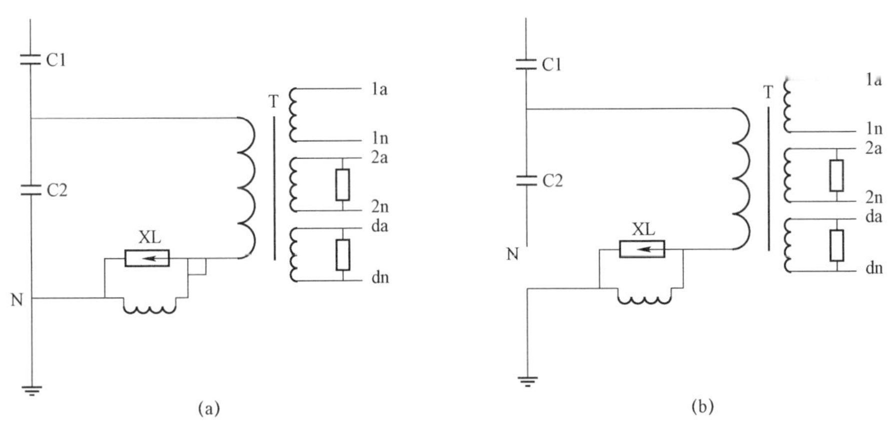

图 4－5　电容式电压互感器原理接线图

（a）N 点可靠接地；（b）N 点不可靠接地

C1—高压电容；C2—中压电容；XL—补偿装置和保护器件；T—中间变压器；

1a1n、2a2n—二次绕组端子；da、dn—剩余绕组端子

结合图 4－5 可知，该 220kV 副母电压互感器接线盒在进行接线时，电压互感器 C 相 N 端子（载波接地端子）未形成可靠有效的接地是造成放电的直接原因，悬浮电位对 N 端子附近绝缘形成放电，使相关绝缘明显损伤并烧蚀，同时发出的放电异响、冒烟现象。

2. 专业检修人员现场处理措施

运检人员快速定位故障点后，考虑到接线端子盘有被放电灼伤，且该电压互感器内部情况存在不确定因素，故对 220kV 副母损伤电压互感器进行更换，并直接通知专业检修人员带备件到现场，极大减少中间重复检查环节，将消缺时间缩短一半，并于当晚 22 点 50 分恢复运行。

受损电压互感器退出运行后，运检人员配合检修人员对其测 N 端对地的绝缘电阻为 200MΩ，经擦拭后绝缘电阻恢复至 10 000MΩ，测试电容单元电容量、介损和绝缘电阻验数据均合格，说明电容单元电气性能仍良好，但接线端子盘有被放电灼伤，电压互感器电磁单元内部情况存在不确定因素，后续安排对电压互感器电磁单元进行检查，在此工作模式下运检人员相互配合工作效率得到了极大提升，同时在提升技能水平方面打破了原有运维人员停复役设备许可工作、检修人员处理缺陷的界限。

4.5.3 互感器检修试验典型案例分析三

1. 缺陷概况

220kV××变电站 4U68 线路电压互感器异常。220kV××变电站 4U68 线路电压互感器为某有限公司生产的电容式电压互感器，电压互感器型号为 WVL220－5H，电压比为 $220/\sqrt{3}$:$0.1/\sqrt{3}$:0.1kV。220kV 4U68 线间隔内一、二次设备 C 检工作，于 16 时 40 分开始复役操作，17 时 34 分倒闸操作顺利完成。运检人员在 9 时 30 分对 220kV 2384 间隔停役操作的过程中，发现相邻间隔 4U68 线路存在异响的现象。

运检合一前，此异常需要先定性缺陷类型，上报流程并安排检修人员进站处理，延误缺陷及时处理的时效，影响电网供电的可靠性。运检合一后，此次常规消缺工作运检人员凭借自身技能技术后，按照常规消缺流程，自行处理缺陷，完满完成消缺任务，免去了常规缺陷的重复性处理时间，解放专业人员人力，处理更加疑难的缺陷。从而设备状态管控力增强，设备缺陷隐患管控更有成效。通过对缺陷隐患的发现、检修消缺流程压减，明显扭转了历年来缺陷遗留总数因检修力量不足而不断上升的趋势。

2. 运检人员原因分析及处理

10 时 33 分，将 4U68 线改线路检修。经现场检查，发现电压互感器 *N* 与接地桩连接的短接线靠近 N 侧接头存在脱落状况，如图 4－6 所示。

运检人员现场明确电压互感器异响原因后，将接头脱落的短接线拆除，自行更换两根 $4mm^2$ 短接线，并对该电压互感器开展绝缘、介损及电容量试验，未发现明显异常。

原因分析如下：

根据 4U68 端子箱内部接线原理图要求，待容性接口装置拆除后，需要对 N 接地进行恢复。在现场找了根旧的黄绿接地线进行短接，由于该短接线两头有黑色热缩套包裹，未发现内部压接不紧的隐患。在紧固两侧螺栓时，先紧固 N 紧固螺栓，后续对接地侧螺

图 4－6　4U68 线路电压互感器接线盒

栓进行紧固，紧固时接地线跟着螺栓旋转导致另一侧铜鼻子（压接不紧侧）与铜线几乎处于脱落状态。因此未对接线情况进行检查是导致此次事情的主要原因。

设备复役后，冷压头部位脱落后开始放电，不时对热缩套进行融化，导致接地鼻子与接地线脱开（见图 4－7），待冷压头脱开后，两者的间隙距离超过了放电间隙的距离，放电位置从短接线冷压头位置转移到放电间隙位置，放电声音也随之变大。放电间隙表面也存在较明显的灼伤痕迹，如图 4－8 所示。

图 4－7　热缩套灼伤图

图 4－8　放电间隙灼伤图

总结及计划下一步工作：运检人员自行消缺，减少了消缺时间，提供了供电可靠性，通过自行按照常规消缺流程，自行处理缺陷，完满完成消缺任务，免去了常规缺陷的重复性处理时间，解放专业人员人力，但此次异常暴露了些其余问题如下。

（1）事件暴露的问题。

1）工作负责人责任心不强，对各类材料及关键工艺把控不严实。

2）设备主人未充分履行相应职责，对检修施工过程中技术工艺监管不到位。

3）三级验收管控不到位，验收人员未完全按照监管卡对短接线进行触碰式检查或绝缘电阻试验，只对表面进行了查看。

4）施工前安全技术交底针对性不强。

（2）后续处理及防范措施。

1）依据外包合同违约条款，按照“四不放过”原则对相关责任单位进行严肃处理及相应处罚。

2）充分发挥设备主人职责，严格按照质量监管卡强化现场作业监管，严肃三级验收制度。

3）加强施工前交底，确保施工人员熟悉各项安全措施及各种标准工艺。

第5章

隔　离　开　关

5.1　隔离开关相关知识点

5.1.1　隔离开关的定义

隔离开关是指在分位置时，触头间有符合规定要求的绝缘开距和明显的断开位置标识；在合闸状态下，隔离开关能承载正常回路条件下的工作电流及在规定时间内异常条件下的故障电流所造成的相应电动力冲击的开关设备。

5.1.2　隔离开关的分类

（1）按装设地点可分为户内式隔离开关和户外式隔离开关。

（2）按极数可分为单极隔离开关和三极隔离开关。

（3）按绝缘支柱数目可分为单柱式隔离开关、双柱式隔离开关和三柱式隔离开关。

（4）按隔离开关的动作方式可分为闸刀式、旋转式和插入式。

（5）按有无接地开关（地刀）可分为有接地隔离开关和无接地隔离开关。

（6）按所配操动机构可分为手动式隔离开关、电动式隔离开关、气动式隔离开关和液压式隔离开关。

5.1.3　隔离开关的基本要求

隔离开关型号及其含义。

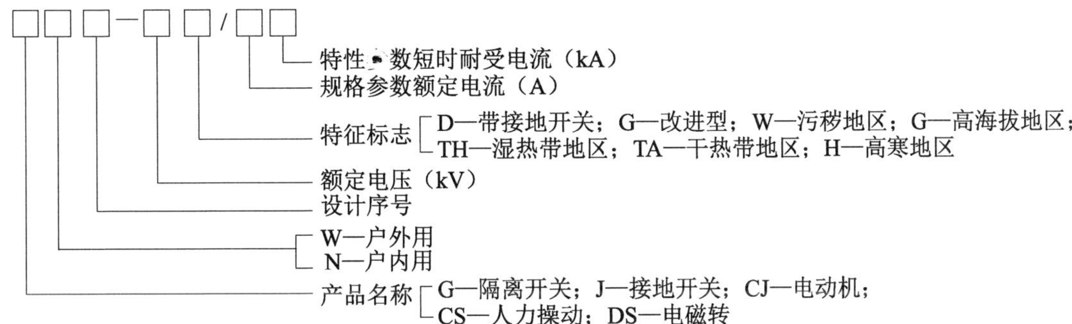

5.2 隔离开关设计要点

隔离开关和其操动机构应根据电压、电流、频率、绝缘水平、动稳定电流、热稳定电流、分合小电流、母线环流以及旁路电流、接线端机械荷载、单柱式隔离开关的接触区、分、合闸装置和电磁闭锁装置操作电压、操动机构型式、气动机构的操作气压进行选择。隔离开关可以根据环境温度、最大风速、覆冰厚度、相对湿度、污秽、海拔、地震烈度使用环境条件下进行校验:

应根据使用要求以及配电装置的布置方式等条件对隔离开关的型式进行考虑，通过综合技术经济比较后进行选择。隔离开关可以根据故障及负荷条件所要求的各个额定值进行考虑，并应有适当条件，以达到电力系统未来发展的要求。隔离开关没有规定承受持续过电流的能力。当回路中假如出现经常性断续过电流的状态时，需要与制造厂家进行协商。当使用的63kV及以下隔离开关的相间距离不大于产品定义的最小相间距离时，应要求生产厂家根据使用环境进行动、热稳定性试验。原则上需要进行三相试验，当试验条件不合适时，可以做单相试验。单柱垂直开启式隔离开关在分闸状态时，动、静触头间的最小电气距离应大于配电装置的最小安全净距值。

为了确保检修安全，63kV及以上线路隔离开关的线路侧和断路器两侧的隔离开关需要安装接地开关。隔离开关的接地开关，应考虑其安装处的短路电流进行动、热稳定校验。选择的隔离开关应保证切合电容性、电感小电流的能力，应使电压互感器、避雷器、空载母线、励磁电流小于2A的空载变压器和电容电流小于5A的空载线路等，在正常状态下进行操作时能确保有效切断，并遵守相关电力工业技术管理的标准。当隔离开关的技术性能无法满足上述条件时，理应向生产厂家提出，否则不能进行正常的操作。

隔离开关可以准确断开断路器的母线环流及旁路电流。室外隔离开关接线端的机械载重表应满足电网五通标准。机械载重应根据母线（或引下线）的自重、张力、风力和冰雪等环境施加于接线端的最大水平静拉力。假如引下线选择软导线时，接线端机械载重中不需再考虑由短路电流造成的电动力。但对选择扩径空心导线或硬导体的设备间连线，则需要根据短路电动力进行选择。隔离开关操动机构的型式由工程实际情况对手动或电动操动机构进行选择。

5.3 隔离开关验收要点

5.3.1 验收分类

隔离开关的验收大致分为：可研初设审查、厂内验收、到货验收、竣工（预）验收、启动验收五个主要环节。

5.3.2　可研初设审查

1. 参加人员

（1）隔离开关可研初设审查应该从所属管辖单位运检部相关专业技术人员进行选派。

（2）隔离开关可研初设审查参加人员条件为在本专业工作大于 3 年的人员或技术专责。

2. 验收要求

（1）隔离开关可研初设审查验收理应要求隔离开关专业技术人员对可研报告、初设资料等文件提前进行检查，并提出对应的要求和意见。

（2）可研初设审查阶段主要对隔离开关涉及的结构形式、技术参数及安装处地理环境进行审查、验收。

（3）审查时应考虑隔离开关型号选取是不是符合电网运行、设备运维及反措等各项要求。

5.3.3　厂内验收

1. 参加人员

（1）隔离开关关键点见证由所属管辖单位运检部选派相关专业技术人员参与。

（2）500（330）kV 及以上隔离开关的关键点见证人员应为技术专责、或具备班组工作负责人及以上资格，或在本专业工作满 10 年以上的人员。

（3）220kV 及以下隔离开关关键点见证人员条件为具备班组工作负责人及以上资格或为技术专责，或在本专业工作超过 3 年以上的人员。

2. 验收要求

（1）500（330）kV 及以上隔离开关需要分批次进行关键点的一项或多项验收。

（2）对有必要或第一次入网的 220kV 及以下隔离开关应进行关键点的一项或多项验收。

（3）关键点见证通过查询制造厂家记录、现场查看方式或者监造记录完成。

（4）物资部门应督促制造厂家在制造隔离开关前 20 天提交制造计划和关键节点时间，假如存在变化时，物资部门应该提前 5 个工作日通知运检部门。

3. 异常处置

验收存在质量问题时，验收人员应立即通知物资部门、生产厂家，提出整改意见，填入“关键点见证记录”，发给运检部门。

5.3.4　到货验收

1. 参加人员

隔离开关到货验收理应派所属管辖单位运检部选派相关专业技术人员参与。

2. 验收要求

（1）隔离开关到货验收在运检部门认为有必要时需要参加。

（2）到货验收需要货物清点、运输情况检查、包装和外观检查。

3. 异常处置

验收出现质量问题时，验收人员应及时告知物资部门、制造厂家，提出整改意见，填入“到货验收记录”，并报告给运检部门。

5.3.5 竣工验收

1. 参加人员

（1）隔离开关出厂验收应安排所属管辖单位运检部得相关专业技术人员陪同。

（2）隔离开关验收负责人员应为技术专责或具备班组工作负责人及以上资格。

2. 验收要求

（1）竣工（预）验收根据隔离开关外观、闭锁、安装工艺、信号等项目进行检查校对。

（2）竣工（预）验收应检验隔离开关交接试验报告，必要时对交流耐压试验进行旁站见证。

（3）竣工（预）验收应检查、检查隔离开关相关的文件资料是否完全。

（4）交接试验验收要确保所有试验项目齐全、合格，并和出厂试验数值无明显不同。

（5）不同电压等级的隔离开关，应根据不同的交接试验项目和标准检查安装记录、试验报告。

3. 异常处置

验收出现质量问题时，验收人员应马上通知项目管理单位、施工单位，提出修整意见，填入“竣工（预）验收及整改记录”，发给运检部门。

5.3.6 启动验收

1. 参加人员

隔离开关启动投运验收应安排所属管辖单位运检部选派相关专业技术人员参加。

2. 验收要求

（1）竣工（预）验收组在隔离开关启动验收前应发送竣工（预）验收报告。

（2）隔离开关启动验收内容含有隔离开关外观检查、设备接头红外测温等内容。

3. 异常处置

验收发现质量问题时，验收人员需马上联系项目管理单位、施工单位，规定立刻进行整改，不能及时调整的填入“工程遗留问题记录”，发给运检部门。

5.4 隔离开关运检要点

5.4.1 “运检合一”模式下的管理维护要求

隔离开关是一种主要用于“隔离电源、倒闸操作、用以连通和切断小电流电路，

无灭弧功能的开关器件。隔离开关工作原理及结构比较简单，但是由于使用量大，工作可靠性要求高，对变电站、电厂的设计、建立和安全运行的影响均较大。隔离开关作为电力系统一个重要设备，其在电网安全运行中扮演着重要的角色，充分利用“运检合一”下“安全、优质、高效”的运检管理模式，制订隔离开关设备日常管理规范，能够大幅度的提高隔离开关设备相关业务的运作效率，同时也提高运检人员技能水平。

针对“运检合一”模式下对隔离开关设备的日常管理，主要从人员的职责明确、日常管理的职责规范及相关业务的执行规范流程三个方面进行阐述。

1. 隔离开关相关业务中人员职责明确

针对隔离开关设备日常相关运维检修工作，每项工作开展前制订相应的职责划分，明确运检人员的职责。例如在进行隔离开关机构大修等工程中，在管理部门统一部署下，成立“隔离开关设备运行维护工作组”“隔离开关设备检修工作组”“隔离开关设备主人工作组”，如图 5-1 所示，在设备运维及检修过程中，各组之间相互协调，运检人员灵活调配，同时充分发挥设备主人制，各专业相互融合，充分发挥各专业的优势，充分发挥员工个人潜能和提高运维检修工作的效率。

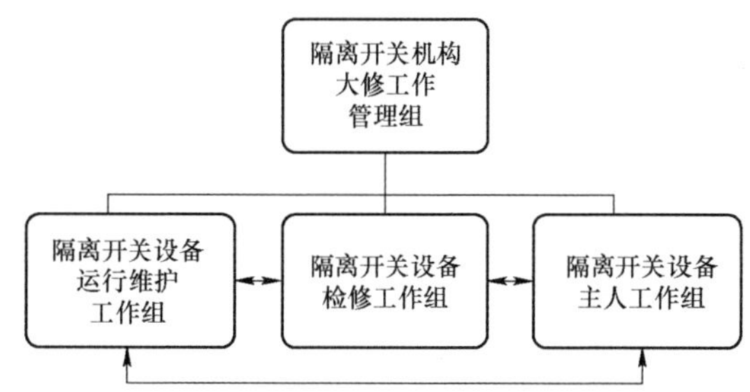

图 5-1　隔离开关机构大修工程项目管理流程图

2. 隔离开关设备日常管理的职责规范

（1）隔离开关设备出现的事故及异常情况的应急处置，倒闸操作，工作许可，设备主人制度的开展；隔离开关巡视；隔离开关相关维护等运维工作。

（2）隔离开关设备出现的缺陷跟踪、隐患排查及分析等。

（3）隔离开关设备台账、设备技术档案、隔离开关相关规程制度、图纸、相关备品备件及记录簿册的管理等。

（4）隔离开关设备技改、大修、设备改造等工程的验收及工程的生产运行准备工作。

（5）编制隔离开关设备相关运行规程、隔离开关典型操作票、一站一库、隔离开关事故处理预案。

（6）隔离开关机构大修、更换工作；隔离开关设备消缺，操动机构缺陷、隔离开关设备线夹发热、绝缘子脏污折伤、传动及操作部分卡涩生锈变形等缺陷的处理，隔离开关精确测温等工作。

3. 隔离开关设备相关业务的执行流程规范

（1）倒闸操作应严格遵守安全规程、调度规程和变电站现场运行规程。经上级部门考试合格、批准的运维检修人员，可进行隔离开关设备的倒闸操作。

（2）工作票按照标准流程执行。运检人员承担工作票许可、终结、归档职责。

（3）隔离开关设备一般运维业务应包括设备巡视（特殊巡视）、日常维护、隐患排查、运维一体化、缺陷跟踪、应急响应及处置等工作。运检人员均应按照《变电五项管理规定》的要求执行隔离开关设备的运维业务。

（4）隔离开关设备检修、消缺业务流程。隔离开关设备检修工作中运检人员依据计划安排实施，并及时将实施情况反馈。隔离开关设备消缺工作由运检人员按要求正常上报缺陷，技术部门缺陷专职依据缺陷内容安排消缺。隔离开关设备常用备件由运检人员自备，特殊备品、备件由技术部门协调提供。

5.4.2 运行要点

1. 一般规定

（1）隔离开关应符合装设地点的运行条件，在正常使用和检修或发生短路条件下应符合安全要求。

（2）接地开关和隔离开关所有箱体和部件上，尤其是传动连接部件和运动部位不能出现积水。

（3）隔离开关应包含设备的铭牌、标准的运行编号以及名称，相序标志清晰，分合指示、旋转方向指示清晰明了。隔离开关的金属支架以及底座应保证接地牢固。

2. 导电部分

（1）隔离开关导电回路长时间工作温度不能大于 80℃。

（2）隔离开关在合闸状态时，触点应保证可靠接触，合闸角度应满足产品技术规定。

（3）隔离开关在分闸状态时，触点间的距离以及打开角度应满足产品技术规定。

3. 绝缘子

（1）绝缘子爬电比距应符合所在地区的污秽等级，无法符合污秽等级要求的应实施防污闪措施。

（2）定期检查隔离开关绝缘子金属法兰与瓷件的胶装连接处防水密封胶是否完好，必要时与检修人员联系处理。

（3）未涂防污闪涂料的瓷质绝缘子应确保“逢停必扫”，已涂防污闪涂料的绝缘子应监督涂料有效期限，在其失效前复涂。

4. 操动机构和传动部分

（1）隔离开关与其所配装的接地开关间有可靠的机械闭锁，机械闭锁应有足够的强度，电动操作回路的电气联锁功能应满足要求。

（2）接地开关可动部件与其底座之间的铜质软连接的截面积不应小于 $50mm^2$。

（3）隔离开关电动操动机构操作电压应在额定电压的 85%～110%之间。

（4）隔离开关辅助接点应切换可靠，操动机构、测控、保护、监控系统的分合闸位

置指示应与实际位置一致。

（5）同一间隔内的多台隔离开关的电动机电源，在端子箱内应分别设置独立的开断设备。

（6）操动机构箱内交直流空气开关不得混用，且与上级空气开关满足级差配置的要求。

（7）电动操动机构的隔离开关手动操作时，应断开其控制电源和电机电源。

（8）电动操作时，隔离开关分合到位后电动机应自动停止。

（9）接地开关的传动连杆及导电臂（管）上应按规定设置接地标识。

5. 其他

（1）操动机构箱应设置可自动投切的驱潮加热装置，定期检查驱潮加热装置运行正常投退正确。

（2）应结合设备停电对操动机构箱二次设备进行清扫。

6. 紧急停运规定

发现下列情况，应立即向值班调控人员申请停运处理：

（1）线夹有裂纹、接头处导线断股散股严重。

（2）导电回路严重发热达到危急缺陷，且无法倒换运行方式或转移负荷。

（3）绝缘子严重破损且伴有放电声或严重电晕。

（4）绝缘子发生严重放电、闪络现象。

（5）绝缘子有裂纹。

（6）其他根据现场实际认为应紧急停运的情况。

5.4.3　检修分类及要求

检修工作分为 A 类、B 类、C 类、D 类四类检修。

A 类检修：是指整体性检修。检修项目主要包含整体更换、解体检修。检修周期按照设备状态评价决策进行，应符合厂家说明书要求。

B 类检修：是指局部性检修。检修项目主要包含部件的解体检查、维修及更换。检修周期按照设备状态评价决策进行，应符合厂家说明书要求。

C 类检修：是指例行检查及试验。检修项目包含本体及外观检查维护、操动机构检查维护及整体调试。检修周期可以参考国网隔离开关五通检修标准。

D 类检修：是指在不停电状态下进行的检修。检修项目包含专业巡视、辅助二次元器件更换、金属部件防腐处理、传动部件润滑处理、箱体维护等不停电工作。检修周期依据设备运行工况，及时安排，保证设备正常功能。

5.4.4　巡视要点

运维人员对隔离开关进行巡视，主要分为例行巡视、全面巡视、熄灯巡视、特殊巡视四部分。

1. 例行巡视

运维人员例行巡视时要着重注意隔离开关导电部分、绝缘子、传动部分、基座、机械闭锁及限位部分、操动机构等部分。

（1）导电部分。

1）合闸状态的隔离开关触点接触良好，合闸角度符合要求；分闸状态的隔离开关触点间的距离或打开角度符合要求，操动机构的分、合闸指示与本体实际分、合闸位置相符。

2）触点、触指（包括滑动触指）、压紧弹簧无损伤、无变色、无锈蚀、无变形，导电臂（管）无损伤、无变形现象。

3）引线弧垂满足要求，无散股、无断股，两端线夹无松动、无裂纹、无变色等现象。

4）导电底座无变形、无裂纹，连接螺栓无锈蚀、无脱落现象。

5）均压环安装牢固，表面光滑，无锈蚀、无损伤、无变形现象。

（2）绝缘子。

1）绝缘子外观清洁，无倾斜、无破损、无裂纹、无放电痕迹或无放电异声。

2）金属法兰与瓷件的胶装部位完好，防水胶无开裂、无起皮、无脱落现象。

3）金属法兰无裂痕，连接螺栓无锈蚀、无松动、无脱落现象。

（3）传动部分。

1）传动连杆、拐臂、万向节无锈蚀、无松动、无变形现象。

2）轴销无锈蚀、脱落现象，开口销齐全，螺栓无松动、无移位现象。

3）接地开关平衡弹簧无锈蚀、无断裂现象，平衡锤牢固可靠；接地开关可动部件与其底座之间的软连接完好、牢固。

（4）基座、机械闭锁及限位部分。

1）基座无裂纹、无破损，连接螺栓无锈蚀、无松动、无脱落现象，其金属支架焊接牢固，无变形现象。

2）机械闭锁位置正确，机械闭锁盘、闭锁板、闭锁销无锈蚀、无变形、无开裂现象，闭锁间隙符合要求。

3）限位装置完好可靠。

（5）操动机构。

1）隔离开关操动机构机械指示与隔离开关实际位置一致。

2）各部件无锈蚀、无松动、脱落现象，连接轴销齐全。

2. 全面巡视

全面巡视在例行巡视的基础上增加以下项目：

（1）隔离开关“远方/就地”切换把手、“电动/手动”切换把手位置正确。

（2）辅助开关外观完好，与传动杆连接可靠。

（3）空气开关、电动机、接触器、继电器、限位开关等元件外观完好。二次元件标识、电缆标牌齐全清晰。

（4）端子排无锈蚀、裂纹、放电痕迹；二次接线无松动、无脱落，绝缘无破损、无老化现象；备用芯绝缘护套完备；电缆孔洞封堵完好。

（5）照明、驱潮加热装置工作正常，加热器线缆的隔热护套完好，附近线缆无烧损现象。

（6）机构箱透气口滤网无破损，箱内清洁无异物，无凝露、无积水现象。

（7）箱门开启灵活，关闭严密，密封条无脱落、无老化现象，接地连接线完好。

（8）五防锁具无锈蚀、无变形现象，锁具芯片无脱落损坏现象。

3. 熄灯巡视

重点检查隔离开关触点、引线、接点、线夹有无发热，绝缘子表面有无放电现象。

4. 特殊巡视

（1）新安装或 A、B 类检修后投运的隔离开关应增加巡视次数。

（2）异常天气时的巡视，如大风、雷雨、冰雪等天气应加强设备巡视。

（3）高峰负荷期间，增加巡视次数，重点检查触点、引线、线夹有无过热现象。

（4）故障跳闸后，检查隔离开关各部件有无变形，触点、引线、线夹有无过热、松动，绝缘子有无裂纹或放电痕迹。

5.4.5　操作要点

（1）允许隔离开关操作的范围。

1）拉、合系统无接地故障的消弧线圈。

2）拉、合系统无故障的电压互感器、避雷器或 220kV 及以下电压等级空载母线。

3）拉、合系统无接地故障的变压器中性点的接地开关。

4）拉、合与运行断路器并联的旁路电流。

5）拉、合 110kV 及以下且电流不超过 2A 的空载变压器和充电电流不超过 5A 的空载线路。当电压在 20kV 以上时，应使用户外垂直分合式三联隔离开关。

6）拉开 330kV 及以上电压等级 3/2 断路器接线方式中的转移电流（需经试验允许）。

7）拉、合电压在 10kV 及以下时，电流小于 70A 的环路均衡电流。

（2）运行中的隔离开关与其断路器、接地开关间的闭锁装置应完善可靠。

（3）隔离开关支持绝缘子、传动部件有严重损坏时，严禁操作该隔离开关。

（4）隔离开关、接地开关合闸前应检查触点内无异物（覆冰）。

（5）隔离开关操作过程中，应严格监视隔离开关动作情况，如有机构卡涩、顶卡、动触头不能插入静触头等现象时，应停止操作，检查原因并上报，严禁强行操作。

（6）隔离开关就地操作时，应做好支柱绝缘子断裂的风险分析与预控，操作人员应正确站位，避免站在隔离开关及引线正下方，操作中应严格监视隔离开关动作情况，并视情况做好及时撤离的准备。

（7）手动合上隔离开关开始时应迅速果断，但合闸终了不应用力过猛，以防瓷质绝缘子断裂造成事故。

（8）合闸操作后应检查三相触头是否合闸到位，接触应良好；水平旋转式隔离开关检查两个触头是否在同一轴线上；单臂垂直伸缩式和垂直开启剪刀式隔离开关检查上、下拐臂是否均已经越过“死点”位置。

（9）电动操作隔离开关后，应检查隔离开关现场实际位置是否与监控机显示隔离开关位置一致。

（10）母线侧隔离开关操作后，检查母线差动保护模拟图及各间隔保护电压切换箱、计量切换继电器等是否变位，并进行隔离开关位置确认。

（11）配置独立操动机构的单相隔离开关送电操作时，应先合上边相隔离开关、再合上中相隔离开关；停电操作顺序与此相反。操作单相隔离开关时一旦发生错误，应停止操作其他各相隔离开关。

（12）误合上隔离开关后禁止再行拉开，合闸操作时即使发生电弧，也禁止将隔离开关再次拉开。误拉隔离开关时，当主触头刚刚离开即发现电弧产生时应立即合回，查明原因。如隔离开关已经拉开，禁止再合上。

5.4.6　维护要点

1. 端子箱、机构箱的维护

箱体、箱内驱潮加热元件及回路、照明回路、电缆孔洞封堵维护周期及要求参照本通则端子箱部分相关内容。

2. 红外检测

（1）精确测温周期，可参照国网五通标准。

（2）检测范围：引线、线夹、触头、导电臂（管）、绝缘子、二次回路。检测重点：线夹、触头、导电臂（管）。

（3）配置智能机器人巡检系统的变电站，可由智能机器人完成红外普测和精确测温，由专业人员进行复核。

（4）检测方法及缺陷定性参照 DL/T 664—2016《带电设备红外诊断应用规范》。

5.4.7　故障检修要点

1. 导电回路

（1）导电回路。

实际状态：隔离开关导电回路出现异常放电声或者导体出现腐蚀现象。

检修策略：开展 B 类检修，查明原因并处理或者更换导体。

（2）红外热像检测。

实际状态：触头及设备线夹等部位温度为 90～130℃，或相对温差为 80%～95%时；触头及设备线夹等部位温度大于 130℃，或相对进行 B 类检修，更换触头、设备线夹等部件温差大于 95%时。

检修策略：开展 C 类检修，对接触部位进行处理，必要时进行 B 类检修，更换触头、设备线夹等部件。

（3）均压环。

实际状态：均压环严重锈蚀、变形、破损。

检修策略：开展 B 类检修，更换均压环。

（4）软连接。

实际状态：软连接连接断片或松股。

检修策略：开展 B 类检修，处理或更换软连接。

（5）一次接线端子。

实际状态：一次接线端子出现裂纹或破损。

检修策略：开展 B 类检修，更换接线端子。

（6）导电回路电阻测量。

实际状态：隔离开关接触面电阻为制造厂规定值的 1.2～1.5 倍或与历史数据比较有明显增加；隔离开关接触面电阻为制造厂规定值的 1.5～3.0 倍；隔离开关接触面电阻超过制造厂规定值的 3.0 倍。

检修策略：开展 C 类检修，对接触部位进行处理，必要时进行 B 类检修，更换相应导电部件。

（7）分、合闸操作状况。

实际状态：分合不到位；三相同期不满足要求；电动操作失灵；机构电动机出现异常声响现象。

检修策略：开展 C 类检修，进行分合闸调试，必要时开展 B 类检修，更换损坏零部件。

2. 绝缘子

（1）外绝缘水平。

实际状态：爬电比距不满足最新污秽等级要求且没有采取防污闪措施或者干弧距离不满足要求。

检修策略：开展 B 类检修，加装伞裙或喷涂防污闪涂料，必要时更换绝缘子；开展 A 类检修，更换绝缘子。

（2）瓷柱脏污。

实际状态：瓷柱外表有明显污秽或者瓷柱外表有严重污秽。

检修策略：开展 C 类检修，进行清扫。

（3）瓷柱破损。

实际状态：瓷柱有轻微破损；瓷柱有较严重破损，但破损位置不影响短期运行；瓷柱有严重破损或裂纹。

检修策略：开展 C 类检修，停电检查，根据检查结果做相应修补或更换处理；开展 B 类检修，停电检查修补、更换；开展 A 类检修，停电检查、更换。

（4）瓷柱放电。

实际状态：瓷柱外表面有轻微放电或轻微电晕；瓷柱外表面有明显放电或较严重电晕。

检修策略：开展 D 类检修，加强紫外成像检测，必要时安排 C 类检修，当外绝缘不满足当地污秽等级要求时，对断路器瓷套加装伞裙或喷涂防污闪涂料；必要时作停电更换处理。

3. 操动机构及传动部分

（1）传动部件。

实际状态：分合闸不到位，存在卡涩现象或者出现裂纹、紧固件松动等现象。

检修策略：开展 C 类检修，进行分合闸调试，必要时开展 B 类检修，更换损坏的零部件。

（2）机构箱密封。

实际状态：密封不良或者箱内有积水。

检修策略：开展D类检修，进行密封或者烘干处理，必要时安排C类检修。

（3）加热器。

实际状态：不能投入或者失灵。

检修策略：开展D类，更换损坏的零部件。

（4）操动机构的动作情况。

实际状态：电动操动机构在额定操作电压下分、合闸5次，动作不正常；手动操动机构操作不灵活，存在卡涩。

检修策略：开展C类检修，检查缺陷原因，进行相应处理。

（5）二次回路绝缘电阻。

实际状态：二次回路绝缘电阻低于2MΩ。

检修策略：开展C类检修，查明原因，进行相应处理。

（6）辅助开关。

实际状态：切换不到位、接触不良。

检修策略：开展C类检修，调整或更换辅助开关。

（7）机械连锁。

实际状态：机械联锁性能不可靠。

检修策略：开展C类检修，进行检查调整，必要时开展B类检修，更换联锁部件。

5.4.8 检修实例分析

隔离开关主要包括单柱垂直伸缩式、双柱水平开启式、双柱水平伸缩式、三柱（双柱）水平旋转式本体检修。检修原理及部件大致原理类似，本章以单柱垂直伸缩式本体检修为例进行说明，其他类型不做详细介绍。

1. 单柱垂直伸缩式本体检修

（1）整体更换。

1）安全注意事项。

a. 电动机构二次电源确已断开，隔离措施符合现场实际条件。

b. 拆、装隔离开关时，结合现场实际条件适时装设临时接地线。

c. 按厂家规定正确吊装设备。

2）关键工艺质量控制。

a. 前期准备。

a）检查包装箱无破损，核对产品数量、产品合格证、安装使用说明书、出厂试验报告等技术文件齐全。

b）检查各导电部件无变形、缺损，导电带无断片、无断股、焊接处无松动，镀银层厚度符合标准（厚度不小于20μm），表面完好无脱落。

c）均压环（罩）和屏蔽环（罩）外观清洁、无毛刺、无变形，焊接处牢固无裂纹。

d）绝缘子探伤试验合格，外观完好、无破损、无裂纹，胶装部位应牢固。

e）底座无锈蚀、变形，转动轴承转动部位灵活，无卡滞、无异响。

f）操动机构箱体外观无变形、无锈蚀，箱内各零部件应齐全，无缺损、连接无松动。

g）操动机构箱密封条、密封圈完好，无缺损、无龟裂，且密封良好。

b. 底座组装。

a）底座安装牢固且在同一水平线上。

b）连接螺栓紧固力矩值符合产品技术要求，并做紧固标记。

c. 绝缘子组装。

a）应垂直于底座平面，同一绝缘子柱的各绝缘子中心应在同一垂直线上；同相各绝缘子柱的中心线应在同一垂直平面内。

b）各绝缘子间安装时可用调节垫片校正其水平或垂直偏差。

c）连接螺栓紧固力矩值符合产品技术要求，并做紧固标记。

d. 均压环（罩）和屏蔽环（罩）安装水平、连接紧固、排水孔通畅。

e. 导电部件组装。

a）导电带无断片、无断股，焊接处无裂纹，连接螺栓紧固，旋转方向正确。

b）接线端子应涂薄层电力复合脂，触头表面涂层应根据本地环境条件确定。

c）合闸位置符合产品技术要求，触头夹紧力均匀接触良好。

d）分闸位置触头间的净距离或拉开角度，应符合产品的技术要求。

e）动、静触头及导电连接部位应清理干净，并按生产厂家规定进行涂覆。

f）检查所有紧固螺栓，力矩值符合产品技术要求，并做紧固标记。

f. 传动部件组装。

a）传动部件与带电部位的距离应符合有关技术要求。

b）连杆应与操动机构相配合，连接轴销无锈蚀、无缺失。

c）当连杆损坏或折断可能接触带电部分而引起事故时，应采取防倾倒、弹起措施。

d）转动轴承、拐臂等部件，安装位置正确固定牢固，齿轮咬合准确操作轻便灵活。

e）定位、限位部件应按产品的技术要求进行调整，并加以固定。

f）检查破冰装置是否完好。

g）复位或平衡弹簧的调整应符合产品技术要求，固定牢固。

h）传动箱固定可靠、密封良好、排水孔通畅。

g. 闭锁装置组装。

a）隔离开关、接地开关机械闭锁装置安装位置正确，动作准确可靠并具有足够的机械强度。

b）机械闭锁板、闭锁盘、闭锁销等互锁配合间隙符合产品技术要求。

c）连接螺栓紧固力矩值符合产品技术要求，并做紧固标记。

h. 操动机构组装。

a）安装牢固，同一轴线上的操动机构位置应一致，机构输出轴与本体主拐臂在同一中心线上。

b）合、分闸动作平稳，无卡阻、无异响。

c）辅助开关安装牢固，动作灵活，接触良好。

d）二次接线正确、紧固，备用线芯有装绝缘护套。

e）机构箱接地、密封、驱潮加热装置完好，连接螺栓紧固。

f）组装完毕，复查所有连接螺栓紧固，力矩值符合产品技术要求，并做紧固标记。

i. 设备调试和测试。

a）合、分闸位置及合闸过死点位置符合生产厂家技术要求。

b）三相同期应符合厂家技术要求。

c）电气及机械闭锁动作可靠。

d）限位装置应准确可靠，到达分、合极限位置时，应可靠地切除电源。

e）操动机构的分、合闸指示与本体实际分、合闸位置相符。

f）主回路电阻测试，符合产品技术要求。

g）接地回路电阻测试，符合产品技术要求。

h）二次元件及控制回路的绝缘电阻及电阻测试符合技术要求。

i）辅助开关切换可靠、准确。

2. 触头及导电臂检修

（1）安全注意事项。

1）在分闸位置，应用固定夹板固定导电折臂。

2）起吊时应采用适合吊物重量的专用吊带或尼龙吊绳。

（2）关键工艺质量控制。

1）静触头杆（座）表面应平整、无严重烧损、镀层无脱落。

2）抱轴线夹、引线线夹接触面应涂以薄层电力复合脂，连接螺栓紧固。

3）钢芯铝绞线表面无损伤、无断股、无散股，切割端部应涂保护清漆防锈。

4）动触头夹（动触头）无过热、无严重烧损、镀层无脱落。

5）引弧角无严重烧伤或断裂情况。

6）动触头夹座与上导电管接触面无腐蚀，连接紧固。

7）动触头夹座上部的防雨罩性能完好，无开裂、无缺损。

8）导电臂无变形、无损伤、无锈蚀。

9）夹紧弹簧及复位弹簧无锈蚀、无断裂，外露尺寸符合技术要求。

10）导电带及软连接无断片、无断股，接触面无氧化，镀层无脱落，连接螺栓紧固。

11）中间触头及触头导电盘完好无破损、无过热变色，防雨罩完好无破损。

12）中间接头连接叉、齿轮箱无开裂及变形，圆柱销、轴套、滚轮完好。

13）触头表面应平整、清洁。

14）平衡弹簧无锈蚀、无断裂，测量其自由长度，符合技术要求。

15）导向滚轮无磨损、无变形。

16）连接螺栓紧固，力矩值符合产品技术要求，并做紧固标记。

3. 导电基座检修

（1）安全注意事项。

1）结合现场实际条件适时装设临时接地线。

2）按生产厂家规定正确吊装设备。

（2）关键工艺质量控制。

1）基座完好，无锈蚀、无变形。

2）转动轴承座法兰表面平整，无变形、无锈蚀、无缺损。

3）转动轴承座转动灵活，无卡滞、无异响。

4）检查键槽及连接键是否完好。

5）调节拉杆的双向接头螺纹完好，转动灵活，轴孔无磨损、变形。

6）检查齿轮完好无破损、裂纹，并涂以适合当地气候的润滑脂。

7）检修时拆下的弹性圆柱销、挡圈、绝缘垫圈等，应予以更换。

8）导电带安装方向正确。

9）接线座无变形、无裂纹、无腐蚀，镀层完好。

10）连接螺栓紧固，力矩值符合产品技术要求，并做紧固标记。

4. 均压环检修

（1）安全注意事项。

1）起吊时应采用适合吊物重量的专用吊带或尼龙吊绳。

2）起吊时，吊物应保持水平起吊，且绑揽风绳控制吊物摆动。

3）结合现场实际条件适时装设临时接地线。

（2）关键工艺质量控制。

1）均压环完好，无变形、无缺损。

2）安装牢固、平正，排水孔通畅。

3）焊接处无裂纹，螺栓连接紧固，力矩值符合产品技术要求，并做紧固标记。

5. 绝缘子检修

（1）安全注意事项。

1）起吊时应采用适合吊物重量的专用吊带或尼龙吊绳。

2）绝缘子拆装时应逐节进行吊装。

3）结合现场实际条件适时装设临时接地线。

（2）关键工艺质量控制。

1）绝缘子外观及绝缘子辅助伞裙清洁无破损。

2）绝缘子法兰无锈蚀、无裂纹。

6. 传动及限位部件检修

（1）安全注意事项。

1）断开操动机构二次电源。

2）结合现场实际条件适时装设临时接地线。

（2）关键工艺质量控制。

1）传动连杆及限位部件无锈蚀、无变形，限位间隙符合技术要求。

2）垂直安装的拉杆顶端应密封，未封口的应在拉杆下部打排水孔。

3）轴套、轴销、螺栓、弹簧等附件齐全，无变形、无锈蚀、无松动，转动灵活连接牢固。

4）转动部分涂以适合当地气候的润滑脂。

7. 底座检修

（1）安全注意事项。

1）电动操动机构二次电源确已断开，隔离措施符合现场实际条件。

2）拆、装隔离开关时，结合现场实际条件适时装设临时接地线。

（2）关键工艺质量控制。

1）底座无变形，接地可靠，焊接处无裂纹及严重锈蚀。

2）底座连接螺栓紧固、无锈蚀，锈蚀严重应更换，力矩值符合产品技术要求，并做紧固标记。

3）转动部件应转动灵活，无卡滞。

8. 机械闭锁检修

（1）安全注意事项。

1）断开电动机电源和控制电源，二次电源隔离措施符合现场实际条件。

2）结合现场实际条件适时装设临时接地线。

（2）关键工艺质量控制。

1）操动机构与本体分、合闸位置一致。

2）闭锁板、闭锁盘、闭锁杆无变形、无损坏、无锈蚀。

3）闭锁板、闭锁盘、闭锁杆的互锁配合间隙符合相关技术规范要求。

4）机械连锁正确、可靠。

5）连接螺栓力矩值符合产品技术要求，并做紧固标记。

9. 调试及测试

（1）安全注意事项。

1）结合现场实际条件适时装设临时接地线。

2）工作人员工作时，应及时断开电机电源和控制电源。

（2）关键工艺质量控制。

1）调整时应遵循“先手动后电动”的原则进行，电动操作时应将隔离开关置于半分半合位置。

2）限位装置切换准确可靠，机构到达分、合位置时，应可靠地切断电动机电源。

3）操动机构的分、合闸指示与本体实际分、合闸位置相符。

4）合、分闸过程中无异常卡滞、异响，主、弧触头动作次序正确。

5）合、分闸位置及合闸过死点位置符合生产厂家技术要求。

6）调试、测量隔离开关技术参数，符合相关技术要求。

7）调节闭锁装置，应达到“隔离开关合闸后接地开关不能合闸，接地开关合闸后隔离开关不能合闸”的防误要求。

8）与接地开关间闭锁板、闭锁盘、闭锁杆间的互锁配合间隙符合相关技术规范要求。

9）电气及机械闭锁动作可靠。

10）检查螺栓、限位螺栓紧固，力矩值符合产品技术要求，并做紧固标记。

11）主回路接触电阻测试，符合产品技术要求。

12）接地回路接触电阻测试，符合产品技术要求。

13）二次元件及控制回路的绝缘电阻及直流电阻测试。

10. 接地开关检修

（1）整体更换。

1）安全注意事项。

a. 电动操动机构二次电源确已断开，隔离措施符合现场实际条件。

b. 拆、装隔离开关时，结合现场实际条件适时装设临时接地线。

2）关键工艺质量控制。

a. 前期准备。

a）检查包装箱无破损，核对产品数量、产品合格证、安装使用说明书、出厂试验报告等技术文件齐全。

b）检查各导电部件无变形、无缺损，导电带无断片、无断股、焊接处无松动。

c）均压环（罩）和屏蔽环（罩）外观清洁、无毛刺、无变形，焊接处牢固无裂纹。

d）绝缘子探伤试验合格，外观完好、无破损、裂纹，胶装部位应牢固。

e）底座无锈蚀、无变形，转动轴承转动部位灵活，无卡滞、无异响。

f）操动机构箱体外观无变形、无锈蚀，箱内各零部件应齐全，无缺损、连接无松动。

b. 底座组装。

a）底座安装牢固且在同一水平线上，相间距误差：220kV 及以下不大于 10mm，220kV 以上不大于 20mm。

b）连接螺栓紧固力矩值符合产品技术要求，并做紧固标记。

3）绝缘子组装。

a. 应垂直于底座平面，同一绝缘子柱的各绝缘子中心应在同一垂直线上；同相各绝缘子柱的中心线应在同一垂直平面内。

b. 各绝缘子间安装时可用调节垫片校正其水平或垂直偏差。

c. 连接螺栓紧固力矩值符合产品技术要求，并做紧固标记。

d. 均压环（罩）和屏蔽环（罩）安装水平、连接紧固、排水孔通畅。

e. 导电部件组装。

a）导电基座、触头、导电臂安装位置正确，连接螺栓紧固。

b）接线端子应涂薄层电力复合脂，触头表面应根据本地环境条件确定。

c）合闸位置符合产品技术要求，触头夹紧力均匀接触良好。

d）分闸位置触头间的净距离或拉开角度，应符合产品的技术要求。

e）动、静触头及导电连接部位应清理干净，并按生产厂家规定进行涂覆。

f）导电带无断片、无断股，焊接处无裂纹，连接螺栓紧固，旋转方向正确。

g）检查所有紧固螺栓，力矩值符合产品技术要求，并做紧固标记。

f. 传动部件组装。

a）传动部件与带电部位的距离应符合有关技术要求。

b）连杆应与操动机构相配合，连接轴销无锈蚀、无缺失。

c）当连杆损坏或折断可能接触带电部分而引起事故时，应取防倾倒、防弹起措施。

d）转动轴承、拐臂等部件，安装位置正确固定牢固。

e）定位、限位部件应按产品的技术要求进行调整，并加以固定。

g. 闭锁装置组装。

a）隔离开关、接地开关间机械闭锁装置安装位置正确，动作准确可靠并具有足够的机械强度。

b）机械闭锁板、闭锁盘、闭锁销等互锁配合间隙符合产品技术要求。

c）连接螺栓紧固力矩值符合产品技术要求，并做紧固标记。

h. 操动机构组装。

a）安装牢固，同一轴线上的操动机构位置应一致，机构输出轴与本体主拐臂在同一中心线上。

b）合、分闸动作平稳，无卡阻、无异响。

c）辅助开关安装牢固，动作灵活，接触良好。

d）二次接线正确、紧固，备用线芯有装绝缘护套。

e）机构箱接地、密封、驱潮加热装置完好，连接螺栓紧固。

f）组装完毕，复查所有连接螺栓紧固，力矩值符合产品技术要求，并做紧固标记。

i. 设备调试和测试。

a）合、分闸位置及合闸过死点位置符合厂家技术要求。

b）三相同期应符合厂家技术要求。

c）电气及机械闭锁动作可靠。

d）限位装置应准确可靠，到达分、合极限位置时，应可靠地切除电源。

e）操动机构的分、合闸指示与本体实际分、合闸位置相符。

f）主回路接触电阻测试，符合产品技术要求。

g）二次元件及控制回路的绝缘电阻及电阻测试符合技术要求。

（2）触头及导电臂检修。

1）安全注意事项。

a. 起吊时应采用适合吊物重量的专用吊带或尼龙吊绳。

b. 结合现场实际条件适时装设临时接地线。

2）关键工艺质量控制。

a. 导电臂拆解前应做好标记。

b. 静触头表面应平整、清洁，镀层无脱落；触头压紧弹簧弹性良好，无锈蚀、无断裂。

c. 动触头座与导电臂的接触面清洁无腐蚀，导电臂无变形、无损伤，连接紧固。

d. 触头表面应平整、清洁。

e. 软连接无断股、焊接处无开裂、接触面无氧化、镀层无脱落，连接紧固。

f. 所有紧固螺栓，力矩值符合产品技术要求，并做紧固标记。

（3）均压环检修。

1）安全注意事项。

a. 起吊时应采用适合吊物重量的专用吊带或尼龙吊绳。

b. 结合现场实际条件适时装设临时接地线。

2）关键工艺质量控制。

a. 均压环完好，无变形、无缺损。

b. 安装牢固、平正，排水孔通畅。

c. 焊接处无裂纹，螺栓连接紧固，力矩值符合产品技术要求，并做紧固标记。

（4）传动及限位部件检修。

1）安全注意事项。

a. 断开操动机构二次电源。

b. 结合现场实际条件适时装设临时接地线。

2）关键工艺质量控制。

a. 传动连杆及限位部件无锈蚀、无变形，限位间隙符合技术要求。

b. 垂直安装的拉杆顶端应密封，未封口的应在拉杆下部打排水孔。

c. 传动连杆应采用装配式结构，不应在施工现场进行切焊装配。

（5）机械闭锁检修。

1）安全注意事项。

a. 断开电动机电源和控制电源，二次电源隔离措施符合现场实际条件。

b. 结合现场实际条件适时装设临时接地线。

2）关键工艺质量控制。

a. 操动机构与本体分、合闸位置一致。

b. 闭锁板、闭锁盘、闭锁杆无变形、无损坏、无锈蚀。

c. 闭锁板、闭锁盘、闭锁杆的互锁配合间隙符合相关技术规范要求。

d. 机械连锁正确、可靠。

e. 连接螺栓力矩值符合产品技术要求，并做紧固标记。

（6）接地开关调试及测试。

1）安全注意事项。

a. 结合现场实际条件适时装设临时接地线。

b. 工作人员工作时，应及时断开电机电源和控制电源。

2）关键工艺质量控制。

a. 调整时应遵循“先手动后电动”的原则进行，电动操作时应将接地开关置于半分半合位置。

b. 限位装置切换准确可靠，机构到达分、合位置时，应可靠地切断电机电源。

c. 操动机构的分、合闸指示与本体实际分、合闸位置相符。

d. 合、分闸过程无异响、无卡滞。

e. 合、分闸位置符合生产厂家技术要求。

f. 调试、测量隔离开关技术参数，符合相关技术要求。

g. 调节闭锁装置，应达到“隔离开关合闸后接地开关不能合闸，接地开关合闸后隔离开关不能合闸”的防误要求。

h. 与隔离开关间闭锁板、闭锁盘、闭锁杆间的互锁配合间隙符合相关技术规范要求。

i. 电气及机械闭锁动作可靠。

j. 检查螺栓、限位螺栓紧固，力矩值符合产品技术要求，并做紧固标记。

k. 主回路接触电阻测试，符合产品技术要求。

l. 二次元件及控制回路的绝缘电阻及直流电阻测试。

11. 电动操作机构检修

（1）整体更换。

1）安全注意事项。

a. 检查电动机构的电动机电源和控制电源确已断开，二次电源隔离措施符合现场实际条件。

b. 拆除操动机构外接二次电缆接线后，裸露线头应进行绝缘包扎。

2）关键工艺质量控制。

a. 安装牢固，同一轴线上的操动机构安装位置应一致；机构输出轴与本体主拐臂在同一中心线上。

b. 操动机构动作应平稳，无卡阻、无异响等情况。

c. 操动机构输出轴与垂直连杆间连接可靠，无移位、定位销锁紧。

d. 电动操动机构的转向正确，机构的分、合闸指示与本体实际分、合闸位置相符。

e. 限位装置切换准确可靠，操动机构到达分、合位置时，应可靠地切断电动机电源。

f. 辅助开关应安装牢固，动作灵活，接触良好。

g. 二次接线正确、紧固、美观，备用线芯应有绝缘护套。

h. 电气闭锁动作可靠，外接设备闭锁回路完整，接线正确动作可靠。

i. 操动机构组装完毕，检查连接螺栓紧固，力矩值符合产品技术要求，并做紧固标记。

（2）电动机检修。

1）安全注意事项。

a. 电动机电源和控制电源确已断开，二次电源隔离措施符合现场实际条件。

b. 拆除操动机构外接二次电缆接线后，裸露线头应进行绝缘包扎。

2）关键工艺质量控制。

a. 安装接线前应核对相序。

b. 检查轴承、定子与转子间的间隙应均匀，无摩擦、无异响。

c. 电动机固定牢固，联轴器、地角、垫片等部位应做好标记，原拆原装。

d. 检查电机绝缘电阻、直流电阻符合相关技术标准要求。

（3）减速器检修。

1）安全注意事项。

a. 工作前断开电动机电源并确认无电压。

b. 减速器应与其他转动部件完全脱离。

2）关键工艺质量控制。

a. 减速器齿轮轴、齿轮完好无锈蚀。

b. 减速器齿轮轴、齿轮配合间隙符合生产厂家规定，并加适量符合当地环境条件的润滑脂。

（4）二次部件检修。

1）安全注意事项。

a. 电动机电源和控制电源确已断开，二次电源隔离措施符合现场实际条件。

b. 拆除操动机构外接二次电缆接线后，裸露线头应进行绝缘包扎。

2）关键工艺质量控制。

a. 测量分、合闸控制回路绝缘电阻符合相关技术标准要求。

b. 接线端子排无锈蚀、无缺损，固定牢固。

c. 辅助开关、中间继电器等二次元件，转换正常、接触良好。

（5）手动操动机构检修。

1）整体更换安全注意事项。

a. 检查机构二次电源隔离措施符合现场实际条件。

b. 操动机构二次电缆裸露线头应进行绝缘包扎。

2）整体更换关键工艺质量控制。

a. 安装牢固，同一轴线上的操动机构安装位置应一致；操动机构输出轴与本体主拐臂在同一中心线上。

b. 操动机构动作应平稳，无卡阻、无异响等情况。

c. 操动机构输出轴与垂直连杆间连接可靠，无移位、定位销锁紧。

d. 辅助开关应安装牢固，动作灵活，接触良好。

e. 二次接线正确、紧固、美观，备用线芯应有绝缘护套。

f. 电气闭锁动作可靠，外接设备闭锁回路完整，接线正确动作可靠。

g. 操动机构箱内封堵严密，外壳接地可靠。

h. 操动机构组装完毕，检查连接螺栓紧固，力矩值符合产品技术要求，并做紧固标记。

（6）机构检修。

1）安全注意事项。

a. 工作前断开辅助开关二次电源。

b. 检修人员避开传动系统。

2）关键工艺质量控制。

a. 操动机构传动齿轮配合间隙符合技术要求，转动灵活、无卡涩、无锈蚀。

b. 操动机构传动齿轮应涂符合当地环境条件的润滑脂。

c. 接线端子排无锈蚀、无缺损，固定牢固。

d. 辅助开关转换可靠、接触良好。

e. 二次接线正确，无松动、接触良好，排列整齐美观。

12. 例行检查

（1）安全注意事项。

1）检查电动机电源和控制电源确已断开，二次电源隔离措施符合现场实际条件。

2）结合现场实际条件适时装设个人保安线。

（2）关键工艺质量控制。

1）隔离开关在合、分闸过程中无异响、无卡阻。

2）检测隔离开关技术参数，符合相关技术要求。

3）触头表面平整接触良好，镀层完好，合、分闸位置正确，合闸后过死点位置正确符合相关技术规范要求。

4）触头压（拉）紧弹簧弹性良好，无锈蚀、无断裂，引弧角无严重烧伤或断裂情况。

5）导电臂及导电带无变形，导电带无断片、无断股，镀层完好，连接螺栓紧固。

6）动、静触头及导电连接部位应清理干净，并按厂家规定进行涂覆。

7）接线端子或导电基座无过热、无变形、无裂纹，连接螺栓紧固。

8）均压环无变形、无歪斜、无锈蚀，连接螺栓紧固。

9）绝缘子无破损、放电痕迹，法兰螺栓无松动，黏合处防水胶无破损、无裂纹。

10）传动部件无变形、无开裂、无锈蚀及严重磨损，连接无松动。

11）转动部分涂以适合本地气候条件的润滑脂。

12）轴销、弹簧、螺栓等附件齐全，无锈蚀、无缺损。

13）垂直拉杆顶部应封口，未封口的应在垂直拉杆下部合适位置打排水孔。

14）机械闭锁盘、闭锁板、闭锁销无锈蚀、无变形，闭锁间隙符合相关技术规范。

15）底座支撑及固定部件无变形、无锈蚀，焊接处无裂纹。

16）底座轴承转动灵活无卡滞、无异响，连接螺栓紧固。

17）设备线夹无裂纹、无发热。

18）引线无烧伤、无断股、无散股。

19）电气及机械闭锁动作可靠。

5.5 隔离开关典型案例分析

5.5.1 隔离开关“运检合一”典型案例分析一

1. 缺陷概况

220kV ××变电站 2Q33 线副母隔离开关 A 相支持绝缘子法兰对瓷件放电异常。2Q33 线运检人员复役操作过程中发现正母隔离开关合闸后辅助接点不到位，停止操作后

运检人员现场立即自行消缺处理后继续顺序操作。现场大雾天气，2Q33线正母隔离开关合上后，运行人员发现2Q33线路副母隔离开关A相支持绝缘子法兰对瓷件存在放电声，专业检修人员现场处理后，7点35分2Q33线顺利复役。

××变电站地区污秽等级属于Ⅲ级，工业密度较大且靠近海岸，常年遭受高污染、强海风、高盐分多重影响。据当地气象站在故障时段观测的气象数据，9时至翌日4时期间，异常区域天气情况为：多云转小雨，气温在17～24℃间，东南风3～4级，湿度98%。2Q33线副母隔离开关厂家：某开关有限公司；型号：SPVT；支持绝缘子高度：2.3m，爬距：6300mm，比距：25mm/kV。

针对××变电站处于污秽区域，在本次检修前，运检人员进行现场勘察时，用望远镜重点观察了全站所有隔离开关表面、绝缘子表面、压变流变表面等室外设备是否存在污秽，各类设备是否存在放电现象。检修过程中通过干冰冲洗对2Q33线副母隔离开关的导电部分（重点是隔离开关触点部分）进行清洁处理，确保触点不因为积污而发生投运后出现隔离开关发热现象，绝缘电阻试验合格。本次检修对2Q33线副母隔离开关支持绝缘子使用绒布及清洗液进行擦拭处理并重新涂抹了防水漆，防止绝缘子因积污造成运行过程发生设备闪络。2Q33线副母隔离开关A相支持绝缘子法兰对瓷件放电情况是运检人员进行2Q33线倒闸复役操作时发现的，之前在巡视和夜间特殊巡视过程中未发现此问题。

2. 运检人员初步原因分析及处理

220kV ××变运检人员在2Q33线复役操作过程中，在合2Q33线正母隔离开关后值班员发现现场后台位置未到位。检修人员到现场后检查发现该正母隔离开关机构箱内辅助开关信号接点接触不良，导致隔离开关合位时，后台信号仍为分位。运检人员在核对图纸，排除二次原因后，发现是辅助开关接点问题，后来更换为另一副接点得到继续操作，免去运检合一前需要上报流程，让专业检修人员进场消缺，延误复役时间，若没有后续异常，此次复役操作可以圆满完成，解放车辆资源、专业人员人力去处理更加疑难的缺陷。从而设备状态管控力增强，设备缺陷隐患管控更有成效。

运检人员在现场消缺处理后可以继续操作，但在2Q33线正母隔离开关合上后，2Q33线路副母隔离开关靠近断路器及正母隔离开关一端带电，现场发现A相支持绝缘子存在较大放电声，如图5-2所示。

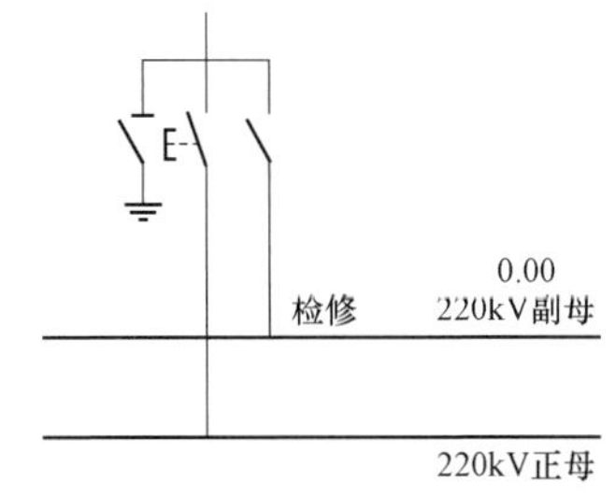

图5-2 2Q33线路正母隔离开关合上后异常状态示意图

随后现场对2Q33线路副母隔离开关A相支持绝缘子进行检查。判断因A相支持绝缘子法兰面对绝缘子放电，目测支持绝缘子无污秽附着现象，于是现场向调度申请对2Q33线路副母隔离开关A相支持绝缘子进行检查。

3. 专业检修人员缺陷处理

随后，2Q33线改为断路器检修，检修人员进场后立即对绝缘子表面及法兰面进行全面检查，未发现绝缘子表面存在明显污垢和绝缘子漆面破损现象。检修人员讨论对法兰面使用清洗液及绒布重新清理法兰面，发现 2Q33 线路副母隔离开关 A 相支持绝缘子法兰面对瓷件反而放电现象愈加明显，中间法兰和底座法兰处皆出现放电现象。

经分析，根据支持绝缘子因为检修时进行过认真清洗，表面并无污秽附着，且再次清洗后放电更加明显的情况，判断因为 2Q33 线晚上复役，××变电站附近为化工园区且现场天气潮湿，法兰对瓷件第一次轻微放电声是由于潮湿空气带有大量不洁颗粒物及检修时清理法兰面时力度过大造成法兰面绝缘层轻微磨损，第二次更加严重的放电声是由于多次清理法兰面后反而更加造成法兰面绝缘层磨损更为严重，从而导致法兰面与瓷件接触面场强畸变引起更严重的放电。

从现场分析来看清洗液均用绒巾擦拭干净，而分离水珠使绝缘子表面电场增大，但对表面电位影响小许多，不改变整体电场和电位分布及趋势；它对电场畸变的影响范围仅在大伞裙外侧较短距离（如 0.5cm）以内的区域，对于同样形状的瓷支柱绝缘子和复合支柱绝缘子表面分离水珠对电位的畸变差别很小，因此可以排除是由于清洗液遗留造成法兰对绝缘子放电原因，场强变化主要由于检修及抢修时多次擦拭法兰，造成法兰面表面磨损，从而改变了法兰及绝缘子绝缘处场强造成第二次更为严重的法兰对绝缘子放电，如图 5–3 所示。

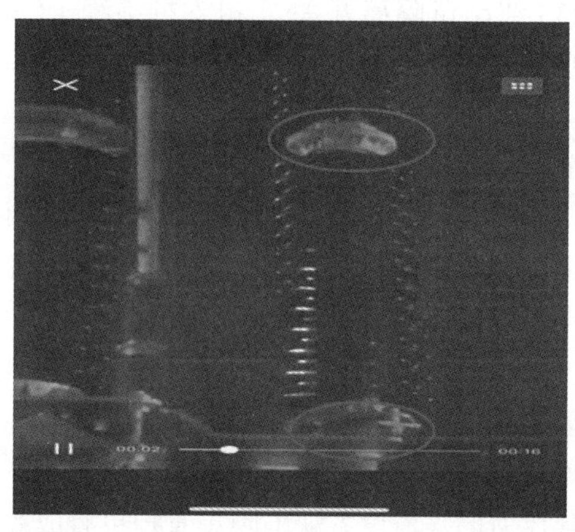

图 5–3　2Q33 线路副母隔离开关 A 相支持绝缘子法兰对瓷件两处放电

××变电站现场存放了防火防水工作准备的少量 3M 绝缘涂料。3M 涂料具有较好的绝缘性能，将其在接触面涂抹均匀后可有效地均衡支柱绝缘子表面场强，避免放电现象的发生，RTV 涂料是为了加大支柱绝缘子的绝缘强度，由于放电并非是由于绝缘距离不够产生，在均匀涂抹接触面均衡场强效果与 3M 绝缘涂料一致，为缩短抢修时间，并未回到运检室重新取 RTV 涂料。

为验证 3M 涂料涂抹是否涂抹均匀，防止因涂抹不均匀造成复役后继续存在放电，现场对三相支持绝缘子进行了耐压试验验证。试验后发现 A 相支持绝缘子放电现象消失。

4. 原因分析

（1）当地气象台相继发布大雾橙色预警，××变电站所在区域夜间天气阴冷潮湿且空气中携带大量不洁颗粒是造成第一次法兰对绝缘子瓷件放电原因。

（2）检修人员检修过程及抢修过程对副母隔离开关的支持绝缘子及法兰面进行清

理，反而加重场强的不均匀分布，造成清理后第二次更为严重的法兰对瓷件放电现象。

5. 总结及下一步工作

本次 220kV ××变电站 2Q33 线间隔复役副母隔离开关 A 相支持绝缘子法兰对瓷件轻微放电处置，运检人员在第一阶段自行处理，节省消缺处理时间，在复役发生问题后到位处置，应急处置快速高效，免去运检合一前需要上报流程，让专业检修人员进场消缺，延误复役时间，若没有后续异常，此次复役操作可以圆满完成，解放车辆资源、专业人员人力去处理更加疑难的缺陷。从而设备状态管控力增强，设备缺陷隐患管控更有成效。随后遇到专业，但遇到无法解决问题时，还需专业检修人员进场处理，通过使用耐压高压试验来验证涂抹效果，缺陷得到完全消除，2Q33 线间隔顺利复役。

（1）检修工艺不到位。检修时对法兰面的处理并未注意法兰面及绝缘子间清洁处理工艺，对于清洁时未注意不能对法兰面绝缘造成破坏。

（2）运检人员污秽处理经验不足。复役过程发生轻微放电后，现场运检人员不能根据现场情况及时判断轻微放电是由于夜间复役时，潮湿空气携带大量不洁颗粒且法兰面绝缘轻微破坏造成的。同时检修人员在抢修时再次擦拭反而加重法兰面绝缘层的破坏，未使用让法兰面及绝缘子场强均匀的措施如涂 RTV 涂料，应急处置方法不妥当。

（3）抢修时考虑回到运检室取 RTV 涂料需要 2 个多小时。为了加快抢修时间，采用涂抹 3M 绝缘漆均匀场强的方法，未向上级汇报，征得省公司同意。在抢修时间及抢修方法规范性上，取得最优抢修方案。

还需要进一步处理措施如下：

（1）检修前应结合天气情况和地区污染情况的预判和对法兰面及瓷件接触面检查，对在长时间处于高污染地区运行变电站制订针对性的检修方案，建议增加法兰与瓷件接触面涂抹 RTV 措施，且涂抹后必须利用高压试验进行验证涂抹效果。

（2）加强运检人员检修处理和技能建设培训，提升检修现场应急状况处理能力，提高绝缘子法兰面防水防闪络处理的检修工艺。

（3）加强抢修的规范性。对于抢修时使用方案及方法上如果需要临时使用新方法及新材料，应事先汇报省公司，征求专业意见，取得省公司同意后再行开展相关抢修。

5.5.2　隔离开关“运检合一”典型案例分析二

1. 缺陷概况

在倒闸操作期间，运检人员操作时该间隔副母隔离开关无法正常分闸。

设备信息：型号：SPV；电压等级：252kV；

2. 运检人员原因分析及处理

现场运检人员进行手动分闸，手动分闸失败，无法正常分闸。由于该间隔副母隔离开关使用时间较长，副母隔离开关上导电臂由于内部卡涩导致无法正常分闸。根据国网公司相关反措要求对上导电臂进行反措更换，如图 5–4 所示。

(a)

(b)

图 5-4 副母隔离开关上导电臂更换

(a) 更换副母隔离开关上导电臂；(b) 回路电阻测试

随后两名操作人员立刻转变身份，一人转变为工作负责人，一人转变为工作许可人，进行工作许可手续。交接与许可完毕后，工作负责人再带领运检人员进行消缺工作，工作无缝衔接，提升了缺陷处理的时效性。

运检人员对该间隔副母隔离开关上导电臂进行更换，同时进行现场进行关键点见证拍照，并与相互配合讨论副母隔离开关分闸失败的原因以及处理措施，进一步体现了“运检合一”的深度融合。更换上导电臂以后进行回路电阻测试，回路电阻合格。随后进行检修验收，验收合格，工作顺利结束，为期两天。

此次缺陷检修时间为期两天，顺利验收投产，充分体现了“运检合一”高效、快捷的工作效率，避免了以往烦琐的中间过程，共同讨论缺陷处理措施，相互学习，进一步保证设备安全稳定运行，充分保障电力可靠安全运行。后期处理建议：

（1）严格管控超周期设备，对于超周期副母隔离开关要进行更换上导电臂反措。

（2）在倒闸操作时，对于副母隔离开关要手动分闸，尽量避免直接电动分闸，以防副母隔离开关上导电臂卡死无法分闸，导致电动机损坏。

5.5.3 隔离开关“运检合一”典型案例分析三

1. 缺陷概况

此次异常为 220kV××变电站 110kV 1796 线母线隔离开关异常事件处理。110kV 1800 线投运前需进行线路参数测试，同杆双回 1796 线陪停。测试结束后 9 时 10 分左右，1796 线复役，在操作 1796 线母线隔离开关时，运行人员发现 1796 线母线隔离开关 GIS 筒体内有杂音，现场指示隔离开关机构未合到位，运检人员打就地紧急分闸不成功，随后在母线操作失电后根据对隔离开关回路理解立即对 1796 线母线隔离开关强制分闸后成功。8 日 3 时 10 分，1796 线母线隔离开关经解体清洁处理，随后进行微水、回路电阻及耐压试验合格后，8 日 9 时运检完成 110kVⅡ母线复役及 110kV 1800 线投运工作。

故障设备信息：

110kV 1796 线 GIS 型号：ZF7C－126；生产厂家：某开关电气有限公司；

110kV 1796 线母线隔离开关机构型号：CJA1－3；生产厂家：某开关电气有限公司；

110kV Ⅱ段母线接地开关位置辅助开关型号：RXD20SA/F17；生产厂家：某开关厂；

220kV××变电站 220kV 为双母线接线方式，110kV 为单母分段接线方式，35kV 为两段母线中间无母分开关相连。

2. 运检人员原因分析及处理

第一阶段信息收集与故障研判。

运检人员在操作 1796 线母线隔离开关时，发现 1796 线母线隔离开关 GIS 筒体内有杂音，经现场观察 1796 线母线隔离开关后台显示已在合位，1796 线间隔汇控柜母线隔离开关面板指示灯均已合位指示，并且母线隔离开关三工位机构位置指示器处于合位与分位之间，指示隔离开关机构未合到位，如图 5－5 所示。

图 5－5　110kV 1796 线母线隔离开关位置指示

运检人员根据故障现象，原因初步分析：1796 线母线隔离开关未合到位造成放电，且放电声响亮。

第二阶段现场检查与试验验证。

9 时 20 分运检人员试着在机构处进行手分操作，现场也无法进行电动分闸。

9 时 30 分运检人员分对机构检查后同时在机构处分闸，无法分闸。

运检人员自行经过研判，初步判断可能为分合闸控制回路不通，造成 1796 线母线隔离开关无法继续分合闸，由于前面已经处于操作，判断不是线松动而是机构内部原因。

9 时 45 分根据五通运行规定，决定通知调度需要倒负荷后使 110kV 二段母线失压，再手动拉开线母线隔离开关，同时联系某厂家安排人员携带备品备件赶往现场。

10 时 00 分，运检人员告知筒内持续放电，因此第二批运检人员携带气体组分分析仪、微水测试仪准备赶往现场。

由于××变电站处于负荷重区域，且此地区多处工作同时进行，地区处于电网特殊运行方式，倒负荷需要多处操作，运检人员接到调令后，分成 3 组前往不同的变电站进行操作。10 时 47 分 110kVⅡ段母线停电后母线无电，运检人员通过按分闸接触器 K2 对 1796 线母线隔离开关强制分闸后成功，如图 5－6 所示。

随后运检人员开始对母线隔离开关分合闸控制回路进行重点检查，根据图纸发现

图 5－6　110kV 1796 线母线隔离开关分闸接触器 K2

110kV Ⅱ段母线接地开关辅助接点不通，导致 1796 线母线隔离开关操作电气回路闭锁，通过更换一副 110kVⅡ段母线接地开关辅助接点后，1796 线母线隔离开关可正常电动分合。由于 110kV 1796 线母线隔离开关气室受到 1 小时 20 分钟左右持续放电，第二批运检人员携带仪器到达现场后立即开展气体组分分析及微水试验。

运检人员通过查阅图纸并在现场核对接线后，确认 10kVⅡ段母线接地开关提供 39～40 常闭辅助接点串接在 110kV 1796 线母线隔离开关操作联锁回路中，正常情况下，当母线接地开关合闸时会闭锁线路母线隔离开关操作。

分析过程为：1796 线母线隔离开关在最后一次合闸前电动操作回路均正常，在合闸过程中，隔离开关可正常动作，辅助接点已切换，但在即将合闸到位的时候，110kVⅡ段母线接地开关辅助接点损坏，动断接点打开，导致电动操作回路断开，1796 线母线隔离开关无法继续电动合闸或分闸。

检修人员对 1796 线母线隔离开关气室进行微水和气体成分进行检测，结果为微水试验合格，SF_6气体成分中 SO_2 含量超标，并存在少量 H_2S。由于现场气体超标，运检人员计划对该气室进行解体检查，并制定了相应的解体检修、试验方案。

110kV 1796 线母线隔离开关气室开盖后，运检人员检查隔离开关动静触头发现有轻微放电痕迹，现场使用酒精对动静触头清洁处理后无明显痕迹。

随后完成该气室抽真空后充气工作，随后进行微水、回路电阻及耐压试验合格后，9 号 9 点完成 110kVⅡ母线复役及 110kV 1800 线投运工作。

3. 总结及计划下一步工作

本次 220kV××变电站 110kV 1976 线异常事件处置，在 2 天内，完成了信息收集，故障研判，指挥协调，现场检查验证，故障隔离，操作复役工作，体现出在运检人员开展故障应急处置情况的灵活性，生产指挥体系运转顺畅，配合默契。

各运检人员在事件发生后到位迅速，应急处置快速高效。事件信息快速收集，检修数据实时共享。事件发生后，运检人员立即转换身份为检修人员强制分闸并查明故障，节省时间，同时联系其余运检人员出发时间、抢修工具携带准备情况、厂家通知情况进行汇总梳理。避免了重复环节的时间，异常处置更加高效。整个指挥体系运转流畅，在数据共享的前提下，打破运检壁垒，灵活、有序地开展抢修工作。

但本次 220kV××变电站 1796 线母线隔离开关合闸不到位应急处置，也发现了一些问题：

（1）当时××变电站 1796 线启动时，当地处于特殊运行方式，倒负荷时间过长，造成 1796 线母线隔离开关气室长时间存在放电现象，因此以后安排基建、生产计划时需要合理错开，尽量避免由于特殊运行方式对设备处置时造成的损害。

（2）生产指挥中心节假日、工作时间之外的排班需要充分考虑到工作计划安排，如存在多项工作，对工作可能发生的意外及电网预案，合理安排运检人员值班，提高应急处置效率。节假日对于本单位值班具有一定掌控力，但是对于厂家尤其是某些厂家，运检部缺乏制约手段，虽然物资部出面沟通协调，但仍然收效甚微。本次试验不合格后虽然要求厂家带上必需的备品备件如动、静触头，但厂家到现场后依然未带任何备品备件，虽然没有产生影响，但是对突发情况则影响抢修效率。

（3）220kV××变电站 1796 线母线隔离开关投运后，本次陪停复役后即发生由于辅助开关接点坏造成合闸不到位的异常事件，与厂家沟通后对辅助开关等零部件设备质量把关未设立制度。没有专门针对辅助开关的相关试验，并未开展对辅助开关抽检或全检工作。出厂报告中只有隔离开关的分合试验数据，没有任何和辅助开关相关的试验内容及数据。运检部验收时按照五通也并没有对辅助开关等分合闸回路重要部件专项验收，产品质量管控出现盲点。

针对本案例提升措施改进措施如下：

1）借助生产运检体系中心，进一步构建完善的应急处置流程。

2）联合基建、物资部门约谈厂家对同批次辅助开关质量开展分析工作，同时要求厂家提供辅助开关厂内检验报告，确定辅助开关是偶发性还是家族性问题。在今后出厂验收中，要求厂家补充辅助开关厂内试验项目，在出厂报告中提供相关试验数据。

3）全面梳理存在质量问题的零部件生产厂家情况，同开关厂家沟通禁止使用存在质量问题的零部件生产厂家生产的部件。并对开关厂家应急响应速度提出考核要求。

4）110kV 1796 线母线隔离开关动静触头虽然毛刺打磨干净，但是长期运行后是否会产生动静触头接触处可能新的毛刺，需要调整检修策略，可以安排前期 1 个月开展气体组分分析，后期开展气体组分分析，及时发现可能存在的隐患。

第6章 避雷器

6.1 避雷器相关知识点

6.1.1 避雷器的定义

避雷器是一种用于保护电气设备免受雷击时高瞬态过电压危害，并限制续流时间，也常限制续流幅值的一种电力设备保护装置。使用时将避雷器安装在被保护设备附近，并与被保护设备并联。在正常情况下避雷器不导通，当作用在避雷器上的电压达到避雷器的动作电压时，避雷器导通，借助流过避雷器阀体的大电流，释放过电压能量并将过电压的电压值限制在一定水平，以确保被保护设备的绝缘不受破坏。在释放过电压能量后，避雷器能恢复到原始状态。

6.1.2 避雷器的分类

避雷器分为很多种，依照技术发展的先后顺序可分为保护间隙避雷器、管型避雷器、阀型避雷器、磁吹阀式避雷器和氧化锌避雷器五种。其中保护间隙避雷器、管型避雷器和阀型避雷器只能限制雷击过电压，不能限制操作过电压；而磁吹阀式避雷器和氧化锌避雷器既可限制雷击过电压，也可限制操作过电压。目前氧化锌避雷器在电力系统中广为应用。

（1）保护间隙避雷器：是最早发展也是最简单的避雷器。

（2）管型避雷器：是一个保护间隙避雷器，它在释放过电压能量后能自动灭弧。

（3）阀型避雷器：是为了进一步改善避雷器的放电特性和保护效果，将原来的单个放电间隙分成许多短的串联间隙，同时增加了非线性电阻后发展而成。

（4）磁吹阀式避雷器：因利用了磁吹式火花间隙，使间隙的去游离作用增强，提高了灭弧能力，从而改进了它的保护作用。

（5）氧化锌避雷器：具有无间隙、无续流，残压低等优点。

6.1.3 避雷器的基本要求

为了可靠地保护电气设备，使电力系统安全运行，任何避雷器均须满足下列全部

要求：

（1）避雷器的伏安特性与被保护设备的伏安特性能够正确配合，即被保护设备的冲击电压数值在任何时刻都高于避雷器的冲击放电电压数值。

（2）避雷器的伏安特性与被保护的电气设备的伏安特性能够正确配合，即避雷器动作后的残压要比被保护设备通过同样电流时所能耐受的电压低。

（3）避雷器的灭弧电压与安装地点的最高工频电压能够正确配合，使在系统发生单相接地故障条件下，避雷器能够可靠地熄灭工频续流电弧从而避免避雷器发生自爆的情况。

氧化锌避雷器型号及其含义。

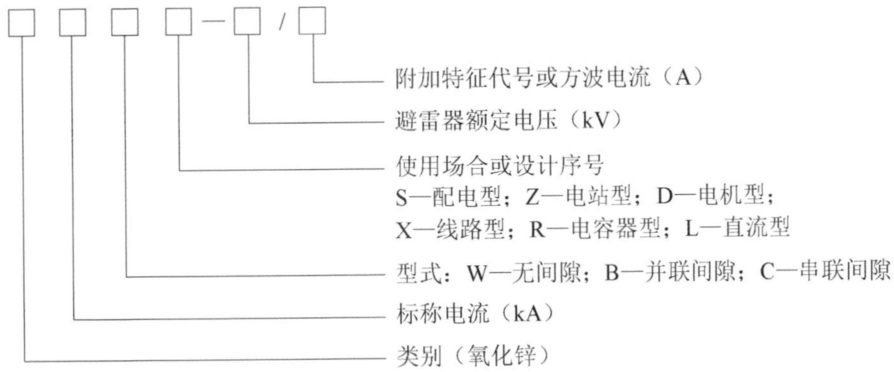

6.2　避雷器设计要点

1. 避雷器外套的绝缘耐受能力

对于户外用避雷器外套应进行湿工频电压耐受试验。

对于户内用避雷器外套应进行干工频电压耐受试验。

2. 参考电压

（1）避雷器的工频参考电压。对于每只避雷器以及避雷器元件的工频参考电压均应在避雷器设备制造方所选定的工频参考电流下来进行测量。

（2）避雷器的直流参考电压。对于每只避雷器或避雷器元件测量直流参考电流下的直流参考电压值，其数值不应小于其规定值，并应在避雷器制造方提供的资料中公布。

3. 残压

残压测量的目的主要是为了获得各种规定的波形和电流下某种给定的最大残压。这些残压可从所测试验数据中得到，也可从避雷器设备制造方规定以及公布的例行试验用的雷电冲击电流下的最大残压中得到。

4. 内部局部放电

避雷器在 1.05 倍持续运行电压下的局部放电量参考规定数值。

5. 避雷器的密封性能

避雷器应密封可靠。在避雷器正常使用期间内，不应因密封不良而影响避雷器的运行性能。对于具有独立的密封系统和具有密封的气体容积的避雷器，其密封泄漏率数值应符合密封泄漏试验的相应规定。

6. 多柱避雷器的电流分布

避雷器设备制造方应规定多柱避雷器中单柱所能承受的最大电流值。电流分布最大不均匀系数参考规定数值。

7. 热稳定性

经避雷器设备制造方及需求方双方协商同意后，可进行特殊的热稳定试验。

8. 长持续时间电流冲击耐受

在型式试验时，避雷器应耐受长持续时间电流冲击的考核。试验后观察试品，电阻片应无破碎、击穿、发生闪络或出现其他明显损伤的现象。长持续电流试验前后残压变化率应参考规定数值。

9. 动作负载

避雷器应能耐受动作负载试验所示的运行中出现的各种负载。如果试品试验前后残压变化率不大于规定数值，且达到热稳定，并且在试验后检查电阻片无破损、击穿或发生闪络的现象，则所测避雷器试验通过。

10. 避雷器工频电压耐受时间特性

避雷器设备制造方应提供避雷器在预热到规定温度并且分别经受大电流和线路放电等级能量负载后，能够施加在避雷器上工频电压的持续时间以及相应的工频电压值而不发生损坏或者热崩溃的数据。提出的资料应为工频电压与时间的曲线，并且在曲线上也应标明施加工频电压前所消耗的冲击能量。

11. 短路试验

保护发电机用避雷器应具有压力释放装置。具有压力释放功能的避雷器，依据避雷器设备制造方宣称的短路额定值进行短路试验以验证避雷器本体发生故障不会导致避雷器外套粉碎性爆破。且如果产生明火应在规定的时间内能够自熄灭。

12. 脱离器

（1）当避雷器装有脱离器或与脱离器相连时，脱离器应耐受各项试验而不动作。

（2）对中性点有效接地系统，脱离器应按照相关要求下确定脱离器的动作时间。对中性点非有效接地系统，脱离器应按照相关要求下综合确定脱离器的动作时间。避雷器脱离器应有有效的和永久脱离的清晰标志。

13. 避雷器附件的要求

避雷器附件根据避雷器设备制造方设计和用户所需要求，可包含均压元件以及监测元件等，但性能要求应满足避雷器相关规定数值。

14. 避雷器的机械负载

避雷器设备制造方应该规定与安装及运行相关的最大允许端部负荷，包括弯曲、扭转以及拉伸负荷等数据。

15. 电磁兼容性

虽然避雷器对电磁干扰不敏感，但仍需对避雷器进行必要的无线电干扰试验。在正常运行条件下，避雷器应不发射出明显的电磁干扰信号。

16. 寿命的终结

根据避雷器用户的要求，避雷器设备制造方应该给出根据国际和国家法律规定，所有避雷器元件报废和循环利用的全部的信息。

17. 雷电冲击放电能力

安装在标称系统电压超过35kV及以上架空线路中的避雷器，雷电冲击放电能力大小应通过规定试验来验证。

18. 避雷器的持续电流

避雷器在持续运行电压下通过的持续电流应不超过规定值，该规定值由避雷器设备制造方规定和提供。

19. 0.75倍直流参考电压下漏电流

0.75倍直流参考电压下漏电流大小参照规定数值。

20. 大电流冲击耐受

大电流冲击耐受作用于强雷电负载避雷器动作负荷试验、抽样试验、操作冲击动作负荷试验的预备性试验、大电流冲击动作负荷试验、避雷器热稳定试验以及工频电压耐受时间特性试验等。

21. 避雷器的耐污秽性能

避雷器外套的最小公称爬电比距应符合规定要求。

22. 避雷器的包装、运输及保管

避雷器的包装必须保证在运输中，不因包装不周而使产品损坏，且在包装上应遵守规定。整只避雷器或分别运输的部件和包装，都要适用运输和装卸的要求。

6.3 避雷器验收要点

6.3.1 验收分类

避雷器的验收包括了可研初设审查，厂内验收，到货验收，竣工验收以及启动验收这五个关键环节。

6.3.2 可研初设审查

验收要求。

（1）避雷器的可研初设审查验收必须由避雷器相关技术人员提前对可研报告以及初设资料等文件进行审查，若发现问题需提出意见。

（2）审查时应注意避雷器的选型是否满足电网运行的各项要求。

（3）可研初设审查阶段对避雷器选型涉及的要求及参数进行审查和验收。

（4）审查按照要求进行。

（5）参与可研初设人员应做好记录，报送相关部门。

6.3.3 厂内验收

1. 验收要求

（1）避雷器厂内验收内容包括材料及外观验收、总装配验收及试验验收。

（2）对首次入网的避雷器应进行关键点验收。

（3）关键点验收采用查阅厂家监造记录、制造记录及现场检查等方式。

（4）验收人员审核试验方案、项目及顺序是否符合相应试验标准和要求。

（5）对关键点验收中发现的问题需进行二次验收。

（6）关键点验收按要求进行。

2. 异常处置

验收发现质量问题时，验收人员应及时告知负责部门，提出整改意见并做好记录、报送相关部门。

6.3.4 到货验收

1. 验收要求

（1）到货验收派专业人员参与验收。

（2）到货验收应进行货物包装及外观检查，并应检查相关的文件资料是否备全。

（3）到货验收工作按照要求进行。

2. 异常处置

验收过程发现问题时验收人员应及时告知主管部门及厂家，提出整改意见并做好记录、报送相关部门。

6.3.5 竣工验收

1. 验收要求

（1）对外观及安装工艺进行检查。

（2）核对交接试验报告，保证所有试验项目齐全、数据合格合格。

（3）检查并核对避雷器相关资料是否齐全，是否符合规范等要求。

（4）验收工作按照要求进行。

2. 异常处置

验收过程中发现质量问题时，验收人员应及时告知主管部门及施工单位，提出整改意见并做好记录，报送相关部门。

6.3.6 启动验收

1. 验收要求

（1）验收部门在避雷器启动验收前提交竣工验收报告。

（2）避雷器启动验收内容包括本体外观验收、监测装置及红外测温检查。

（3）启动验收时应按照要求进行。

2. 异常处置

验收过程中发现问题时，验收人员应及时通知主管部门及施工单位并立即开展整改，未能及时整改的文体需做好记录，报送相关部门。

6.4 避雷器运检要点

6.4.1 “运检合一”模式下对避雷器设备的日常管理规范

避雷器是一种用于保护电气设备免受雷击时高瞬态过电压危害，并限制续流时间，也常限制续流幅值的一种电力设备保护装置。使用时将避雷器安装在被保护设备附近，并与被保护设备并联。避雷器作为电力系统一个重要设备，其在电网安全运行中扮演着重要的角色，充分利用“运检合一”下“安全、优质、高效”的运检管理模式，制订避雷器设备日常管理规范，能够大幅提高避雷器设备相关业务的运作效率，同时也可提高运检人员技能水平。

针对“运检合一”模式下对避雷器设备的日常管理，主要从人员的职责明确、日常管理的职责规范及相关业务的执行流程规范三个方面进行阐述。

1. 避雷器相关业务中人员职责明确

针对避雷器设备日常相关运维检修工作，每项工作开展前制定相应的职责划分，明确运检人员的职责，例如在进行避雷器消缺等工作中，在管理部门统一部署下，成立“避雷器设备运行维护工作组”“避雷器设备检修工作组”“避雷器设备主人工作组”，如图 6－1 所示，在设备运维及检修过程中，各组之间相互协调，运检人员灵活调配，同时充分发挥设备主人制，各专业相互融合，充分发挥各专业的优势，充分发挥员工个人潜能和提高运维检修工作的效率。

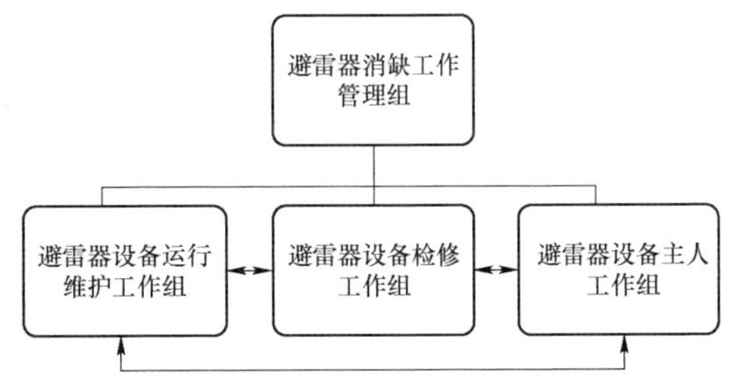

图 6－1　避雷器消缺工作项目管理流程图

2. 避雷器设备日常管理的职责规范

（1）避雷器设备相关运维业务。

1）避雷器设备出现的事故及异常情况的应急处置；相应间隔的倒闸操作；工作许可；

设备主人制度的开展；避雷器巡视；避雷器相关维护等运维工作。

2）避雷器设备出现的缺陷跟踪、隐患排查及分析等。

3）避雷器设备台账、设备技术档案、避雷器相关规程制度、图纸、相关备品备件及记录簿册的管理等。

4）避雷器设备技改、大修、设备改造等工程的验收及工程的生产运行准备工作。

5）编制避雷器设备相关运行规程、一站一库、避雷器事故处理预案。

（2）避雷器设备相关检修、消缺。

避雷器更换工作；避雷器消缺工作一般指的是避雷器放电计数器的破损或不能正常动作；基座绝缘下降；瓷外套积污并在潮湿条件下引起表面放电，伞裙的破损；引流线或接地引下线轻度断股，一般金属件或接地引下线的腐蚀等缺陷的处理；避雷器本体异常等缺陷的处理，避雷器精确测温等工作。

3. 避雷器设备相关业务的执行流程规范

（1）制订避雷器设备的倒闸操作流程。倒闸操作应严格遵守安全规程、调度规程和变电站现场运行规程。经上级部门考试合格、批准的运维检修人员，可进行避雷器设备间隔的倒闸操作。

（2）制订避雷器设备的工作票流程。工作票按照标准流程执行。运检人员承担工作票许可、终结、归档职责。

（3）避雷器设备一般运维业务。避雷器设备一般运维业务应包括设备巡视（特殊巡视）、日常维护、隐患排查、运维一体化、缺陷跟踪、应急响应及处置等工作。运检人员均应按照《变电五项管理规定》的要求执行避雷器设备的运维业务。

（4）避雷器设备检修、消缺业务流程。避雷器设备检修工作中运检人员依据计划安排实施，并及时将实施情况反馈。避雷器设备消缺工作由运检人员按要求正常上报缺陷，技术部门缺陷专职依据缺陷内容安排消缺。避雷器设备常用备件由运检人员自备，特殊备品、备件由技术部门协调提供。

6.4.2 运行规定

1. 常规规定

（1）110kV 及以上电压等级避雷器应安装泄漏电流监测装置。

（2）安装监测装置的避雷器，在投运时，应记录泄漏电流值和动作次数作为原始数据记录。

（3）瓷外套金属氧化物避雷器下方法兰应设排水孔。

（4）瓷绝缘避雷器严禁加装辅助伞裙，可采取喷涂防污闪涂料的方式辅助防污闪措施。

（5）避雷器应全年投入运行，雷雨季节前测量一次，测试数据应包括全电流及阻性电流，合格后方可继续运行。

（6）当避雷器泄漏电流指示异常时，应及时检查问题原因。

（7）系统发生过电压、接地等异常运行状况时，应着重对避雷器进行检查。

（8）雷雨时期严禁巡视人员靠近避雷器。

2. 紧急申请停运规定

运行中的避雷器如有下列情况之一，运维人员应立即汇报并申请将避雷器停运，在停运前应远离设备：

（1）本体严重过热达到危急缺陷程度。

（2）瓷套爆炸或破裂。

（3）底座支持绝缘子有严重裂纹或破损。

（4）内部有放电声或有异常声响。

（5）运行电压下泄漏电流严重超标。

（6）连接引线断裂或严重烧痕。

6.4.3　检修分类及要求

检修工作分为：A、B、C、D 四类检修。

（1）A 类检修是指整体性检修。

（2）B 类检修是指局部性检修。

（3）C 类检修是指例行检查及试验。

（4）D 类检修是指在不停电状态下进行的检修。

6.4.4　巡视要点

1. 例行巡视

（1）引流线无弛度过紧及过松，无松股和断股现象；接头无发热、无变色或无松动等现象。

（2）均压环无锈蚀、无位移、无变形现象。

（3）瓷套完好无破损，无放电现象，防污闪涂层完好无破裂、无鼓泡、无脱落、无起皱现象；硅橡胶复合绝缘外套伞裙完好无破损、无电蚀痕迹。

（4）密封结构金属件及法兰盘无锈蚀、无裂纹现象。

（5）压力释放装置封闭完好无异物。

（6）设备基础完好，底座牢固，绝缘底座表面完好无破损、无积污。

（7）接地引下线连接可靠，无锈蚀、无断裂。

（8）引下线支持小套管清洁、完好无破损，无螺栓牢固。

（9）运行时无异响。

（10）监测装置外观完好无破损，连接紧固，表计指示正常，数值无超标，放电计数器完好，内部无受潮。

（11）铭牌及标识牌信息清晰，齐全。

2. 全面巡视

全面巡视在例行巡视的基础上增加记录避雷器泄漏电流的指示值及放电计数器的指示数并与历史数据进行比较。

3. 熄灯巡视

（1）引线、接头无发红、无放电及严重电晕迹象。

（2）外绝缘无放电及闪络现象。

4. 特殊巡视

（1）异常天气巡视。

1）在沙尘、冰雹、大风天气后，检查引线连接应良好，垂直安装的避雷器无严重晃动，户外设备区域内无可漂浮物。

2）在毛毛雨、雾霾、大雾天气时，检查避雷器有无电晕放电状况，重点检查污秽瓷质部分。

3）在覆冰天气时，重点检查外绝缘覆冰情况。

4）在大雪天气，重点检查引线积雪情况。

（2）雷雨天气及系统发生过电压后巡视。

1）检查外部是否完好，有无放电痕迹。

2）检查监测装置外壳是否完好。

3）与避雷器连接的导线及接地引下线有无烧伤痕迹或断股现象。

4）记录放电计数器的放电次数。

5）记录泄漏电流的指示值。

5. 专业巡视

（1）对于碳化硅阀式避雷器。

1）本体巡视。

a. 接线板可靠连接，无裂纹、无变形、无变色现象。

b. 瓷外套表面无积污、无破损、无裂纹现象。

c. 瓷外套表面无烧伤、无放电痕迹。

d. 瓷外套防污闪涂层无起层、无破损、无脱落、无龟裂现象。

e. 瓷外套法兰无裂纹、无锈蚀现象。

f. 瓷外套法兰粘合处无积水、无破损、无裂纹现象。

g. 瓷外套金属密封件无融孔、无锈蚀现象。

h. 避雷器排水孔通畅。

i. 避雷器压力释放通道处无异物，防护盖无翘起、脱落现象。

j. 避雷器防爆片完好无破损。

k. 避雷器整体连接牢靠，连接螺栓紧固、齐全、无锈蚀。

l. 避雷器内部不发出异响。

m. 避雷器铭牌完整清晰，相色正确清晰。

n. 低式布置的避雷器遮栏内无异物。

o. 避雷器未消除缺陷及隐患应满足运行要求。

2）绝缘底座，均压环及放电计数器巡视。

a. 绝缘底座排水孔排水通畅，表面无积污、无破损。

b. 绝缘底座法兰无积水、无锈蚀、无变色现象。

c. 均压环无开裂、无变形、无破损及锈蚀现象。

d. 放电计数器固定良好，外观无破损、无锈蚀现象。

e. 放电计数器密封良好，观察窗内无凝露或进水。

f. 放电计数器绝缘小套管表面无破损、无异物、无明显积污现象。

g. 放电计数器及支架可靠连接，无锈蚀、无松动、无变形、无开裂现象。

3）引流线及接地装置巡视。

a. 引流线拉紧绝缘子紧固可靠，档卡、轴销完整牢靠。

b. 引流线无断股、散股或烧损，弧垂及相间距离符合相应标准。

c. 引流线连板无烧损、无裂纹、无变色。

d. 引流线连接处螺栓无锈蚀、无缺失、无松动。

e. 避雷器接地装置应可靠连接、无烧伤、无松动，焊接位置处无锈蚀、无开裂。

4）基础及构架巡视。

a. 基础无沉降、无破损。

b. 构架无变形、无锈蚀。

c. 构架焊接部位无开裂、连接螺栓无松动、无锈蚀。

d. 构架接地无烧伤、无锈蚀，可靠连接。

（2）金属氧化物避雷器。

1）本体巡视。

a. 接线板可靠连接，无裂纹、无变形、无变色现象。

b. 复合外套及瓷外套表面无变形、无裂纹、无破损现象。

c. 复合外套及瓷外套表面无烧伤、无放电痕迹。

d. 瓷外套防污闪涂层无脱落、无龟裂、无起层、无破损现象。

e. 复合外套及瓷外套法兰无裂纹、无锈蚀现象。

f. 复合外套及瓷外套法兰黏合处无积水、无破损、无裂纹现象。

g. 避雷器排水孔排水通畅、安装位置正确。

h. 避雷器压力释放通道处无异物，防护盖无翘起、无脱落，安装位置正确。

i. 避雷器防爆片完好无破损。

j. 避雷器整体连接牢靠无倾斜，连接螺栓齐全、无松动、无锈蚀。

k. 避雷器内部不发出异响。

l. 带并联间隙的金属氧化物避雷器，外露电极表面应无明显缺失、烧损。

m. 避雷器铭牌完整无缺失，相色清晰、正确。

n. 低式布置的金属氧化物避雷器遮栏内无异物。

2）均压环、绝缘底座及监测装置巡视。

a. 绝缘底座排水孔排水通畅，表面无积污、无异物、无破损现象。

b. 绝缘底座法兰无积水、无锈蚀、无变色现象。

c. 均压环无开裂、无破损、无变形、无锈蚀现象。

d. 监测装置可靠固定，外观无破损、无锈蚀现象。

e. 监测装置密封良好，观察窗内无进水、无凝露现象。

f. 监测装置绝缘小套管表面无破损、异物、明显积污现象。

g. 监测装置及支架可靠连接，无锈蚀、无松动、无变形、无开裂现象。

h. 充气并带压力表的避雷器气体压力无异常。

i. 避雷器泄漏电流的增长不应超过规定数值，在同一次记录中，三相泄漏电流应基本一致。

j. 监测装置二次电缆可靠封堵，无脱落、无破损，电缆标识牌清晰、正确、齐全。

k. 监测装置二次电缆保护管可靠固定、无开裂、无锈蚀现象。

l. 监测装置二次接线接触良好、无锈蚀、无松动现象。

m. 避雷器在线监测装置显示及数据采集情况正常。

3）引流线及接地装置巡视。

a. 引流线拉紧绝缘子可靠紧固、受力均匀，挡卡、轴销完整可靠。

b. 引流线无烧损、无散股、无断股，弧垂和相间距离符合相应技术标准。

c. 引流线连板无变色、无烧损、无裂纹。

d. 引流线连接螺栓无缺失、无松动、无锈蚀。

e. 避雷器接地装置可靠连接、无烧伤、无松动，焊接部位无锈蚀、无开裂。

4）构架以及基础巡视。

a. 基础无沉降、无破损。

b. 构架无变形、无锈蚀。

c. 构架焊接部位外观良好无开裂、连接螺栓无松动，无锈蚀。

d. 构架接地无烧伤、无锈蚀，可靠连接。

6.4.5 操作要点

（1）检查本体是否完好无破损、无积污、无放电现象。

（2）检查在线监测装置读数是否正常。

（3）检查外绝缘是否有破损。

6.4.6 维护要点

1. 红外检测

（1）各电压等级按规定周期测温。新安装的避雷器以及 A、B 类检修后重新投运后达到规定时间需进行红外检测。

（2）红外检测范围为避雷器本体以及避雷器电气连接部位。

2. 典型故障及异常处理

（1）本体发热现象及处理。

1）现象。

a. 整体轻微发热，较热点靠在上部且不均匀，多节组合由上至下温度逐节递减，进而引起整体发热或局部发热。

b. 整体或局部发热。

2）处理原则。

a. 首先确认本体发热后即可判断为避雷器内部异常。

b. 应立即向值班调控人员汇报并申请停运处理。

c. 在靠近避雷器本体时，注意与设备保持足够的安全距离。

d. 在避雷器远处进行观察。

（2）泄漏电流指示值异常现象及处理。

1）现象。

a. 在线监测系统发出数据超标告警信号。

b. 泄漏电流值远超出正常范围。

2）处理原则。

a. 发现泄漏电流指示异常增大时，应检查本体外绝缘积污是否严重，本体是否有裂纹或破损；如内部有无异常声响发出时则进行红外检测及紫外测量，并根据检查及检测结果，综合分析异常原因。

b. 检查避雷器放电计数器动作情况。

c. 若在正常情况下泄漏电流读数超过泄漏电流初始值 1.2 倍，则确定为严重缺陷，应登记缺陷并按缺陷流程进行处理。

d. 若在正常情况下泄漏电流读数超过泄漏电流初始值 1.4 倍，则确定为危急缺陷，应立即向值班调控人员汇报并申请停运处理。

e. 若发现泄漏电流读数低于初始值时，应检查避雷器与监测装置是否有可靠连接，中间是否发生短接现象，绝缘底座及接地是否牢靠，必要时通知检修及试验人员对避雷器进行相关试验来判断接地电阻是否符合要求。

f. 若对避雷器检查无异常且接地电阻合格，则可能是监测装置有问题。

g. 若泄漏电流读数为零，则可能是泄漏电流表指针失灵，可用手轻拍监测装置检查泄漏电流表指针是否卡死。

（3）外绝缘破损现象及处理。

1）现象。

外绝缘表面有破损、开裂、缺胶、杂质或凸起等现象。

2）处理原则。

a. 判断外绝缘表面缺陷的面积大小及深度。

b. 观看避雷器外绝缘的放电情况，有无火花或放电痕迹。

c. 巡视时应注意与避雷器设备保持足够的安全距离，应远离避雷器进行观察。

d. 如发现避雷器外绝缘破损、开裂等情况有必要更换外绝缘时，应及时向汇报值班调控人员申请停运处理。

（4）本体炸裂、引线脱落接地现象及处理。

1）现象。

a. 中性点有效接地系统。

a）监控系统发出相关保护动作、断路器跳闸变位等信息，相关电流、电压、功率均显示为零。

b）相关保护装置发出装置动作信息。

c）避雷器本体损坏、引线脱落。

b. 中性点非有效接地系统。

a）监控系统发出母线接地告警信息。

b）其他两相电压升高，接地相电压降低。

c）避雷器本体损坏、引线脱落。

2）处理原则。

a. 检查并记录监控系统发出的告警信息，现场记录有关保护及自动装置动作情况。

b. 现场查看避雷器损坏、引线脱落情况以及临近设备外绝缘的损伤状况，核对一次设备动作情况。

c. 查找故障点，查出故障原因后，立即将现场情况向值班调控人员汇报，并根据值班调控人员发出的指令对故障进行隔离，联系检修人员处理。

d. 查找中性点非有效接地系统接地故障时，应遵守相关规定，与故障设备保持足够的安全距离，防止跨步电压将人击伤。

（5）绝缘闪络现象及处理。

1）现象。

a. 中性点有效接地系统。

a）监控系统发出相关保护动作以及断路器跳闸变位信息，相关电流、电压、功率显示为零。

b）相关保护装置发出装置动作信息。

c）避雷器接地引下线或有放电痕迹，外绝缘有放电痕迹。

b. 中性点非有效接地系统。

a）监控系统发出母线接地告警信息。

b）其他两相电压升高，接地相电压降低。

c）避雷器接地引下线或有放电痕迹，外绝缘有放电痕迹，夜间可见放电火花。

2）处理原则。

a. 检查并记录监控系统发出的告警信息，现场记录有关保护及自动装置动作情况。

b. 核对一次设备动作情况，重点检查避雷器接地引下线有无放电痕迹、外绝缘的积污状况、表面及金具是否出现裂纹或损伤状况进行检查。

c. 查找接地点，查出故障原因后，立即将现场情况向值班调控人员汇报，并根据值班调控人员发出的指令对故障进行隔离，联系检修人员处理。

d. 查找中性点非有效接地系统接地故障时，应遵守相关规定与故障设备保持足够的安全距离，防止跨步电压伤人。

6.4.7　故障检修要点

1. 本体故障检修要点

（1）本体锈蚀。

实际状态：外观连接螺栓、连接法兰有较严重的油漆脱落或锈蚀现象。

检修策略：开展 C 类检修，进行除锈、补漆。

（2）直流参考电压（U_n，mA）及 0.75U_n（mA）泄漏电流测量。

1）实际状态：直流参考电压（U_n，mA）初值差不满足相关规定数值。

检修策略：开展 A 类检修，对避雷器进行更换。

2）实际状态：0.75U_n（mA）泄漏电流初值差不满足相关规定数值。

检修策略：开展 A 类检修，对避雷器进行更换。

（3）红外热像检测。

实际状态：整体或局部发热，相间温差相差较大。

检修策略：开展 C 类检修，进行相应的诊断性试验，并根据试验结果开展相应工作。

（4）高频局部放电检测。

实际状态：符合典型放电图谱或与同等条件下同类设备检测的图谱有明显区别。

检修策略：开展 C 类检修，进行相应的诊断性试验，根据试验结果开展相应工作。

（5）外绝缘防污水平。

实际状态：外绝缘爬距不满足所在地区污秽程度要求且没有采取措施。

检修策略：开展 B 类检修，可采取喷涂防污闪涂料措施，必要时对避雷器进行更换。

（6）外套和法兰结合情况。

实际状态：外套和法兰结合情况不良。

检修策略：开展 A 类检修，对避雷器进行更换。

（7）本体外绝缘表面情况。

1）实际状态：硅橡胶憎水性能异常。

检修策略：开展 C 类检修，必要时进行更换。

2）实际状态：瓷外套防污闪涂料憎水性能异常或破损。

检修策略：开展 C 类检修，进行防污闪涂料修补或复涂。

3）实际状态：外绝缘破损。

检修策略：开展 C 类检修，停电检查，根据检查结果做相应修补或更换处理。

（8）放电计数器、底座、引线、接地引下线等锈蚀情况。

实际状态：严重锈蚀，影响设备可靠接地。

检修策略：开展 C 类检修，进行除锈、刷漆，必要时开展 B 类检修，更换放电计数器、底座、引线、接地引下线等。

（9）基础。

1）实际状态：基础有倾斜、开裂等现象。

检修策略：开展 B 类检修，并根据检查结果开展相关工作。

2）实际状态：基础有锈蚀现象。

检修策略：开展 D 类检修，进行刷漆、除锈处理。

（10）泄漏电流指示值。

实际状态：交流泄漏电流指示值纵横比小幅增加。

检修策略：开展 D 类检修，进行带电测试，根据试验结果开展相关工作。

实际状态：交流泄漏电流指示值纵横比大幅增加或交流泄漏电流指示值异常大幅降低。

检修策略：开展 D 类检修，进行带电测试，适时开展 C 类检修，更换损坏部件。

6.4.8 检修实例分析

1. 碳化硅阀式避雷器

（1）连接部位的检修。

1）安全注意事项。

a. 在开展高空作业时，严禁将安全带系挂在避雷器或避雷器均压环上。

b. 雷雨天气严禁对避雷器开展检修工作。

c. 更换或调整连接部位时，应检查连接部位是否存在裂纹和破损，否则应将连接部位可靠固定后再进行检修。

2）关键工艺质量控制。

a. 连接螺栓无缺失、无松动，定位标记无变化。

b. 避雷器各节连接螺栓应与螺孔尺寸大小相配套，如不配套则进行更换。

c. 严重锈蚀或丝扣损伤的螺栓、螺母应进行更换。

d. 螺栓外露丝扣及装配方向应符合规范要求。

e. 螺母、弹簧垫圈、螺栓宜采用热镀锌工艺产品。

f. 更换或重新紧固后的螺栓应标识。

g. 避雷器各连接面无缝隙并应涂覆防水胶。

h. 避雷器垂直度应符合避雷器设备制造方的规定，调整时可在法兰间加金属片校正，并保证其导电性能。

i. 螺栓材质及紧固力矩应符合相应技术标准。

（2）外绝缘的检修。

1）安全注意事项。

a. 在开展高空作业时，严禁将安全带系挂在避雷器或避雷器均压环上。

b. 雷雨天气严禁对避雷器开展检修工作。

c. 瓷外套表面防污闪涂层未风干前严禁触摸、践踏及送电。

2）关键工艺质量控制。

a. 瓷外套表面单个破损面积不允许超过规定面积。

b. 瓷外套与法兰处黏合应牢固、无破损，黏合处露沙高度不小于规定高度，并均匀涂覆防水密封胶。

c. 瓷外套法兰黏合处防水密封胶有起层、变色时，应将防水密封胶彻底清理，清理后重新涂覆合格的防水密封胶。

d. 瓷外套伞裙边沿部位出现裂纹应采取措施，并定期进行监督，伞棱及瓷柱部位出现裂纹应更换。

e. 运行规定年限及以上的瓷套，应对法兰黏合处防水层重点进行检查。

f. 严重锈蚀的法兰应对其表面进行防腐处理。

g. 根据瓷外套表面积污特点，选择合适的清扫工具和清扫方法对伞裙的上、下表面分别进行清理，尤其是伞棱部位应重点清扫。

h. 严禁在雨天、雾天、风沙的恶劣天气及环境温度低于规定温度、空气相对湿度大于规定湿度的户外环境下进行防污闪涂敷工作。

i. 瓷质绝缘子表面防污闪涂层有翘皮、起层、龟裂时，应将异常部位清除干净，然后复涂。

j. 瓷质绝缘子表面防污闪涂层进行复涂时，应对原有涂层表面的尘垢进行清理，对附着力良好但已失效的原有防污闪涂层，无须清除，可在其上直接复涂。

k. 严格按照防污闪涂料说明书进行涂覆工作，涂覆表面无瓷外套釉色、涂层厚度均匀、颜色一致，表面无挂珠、无流淌痕迹。

（3）放电计数器的检修。

1）安全注意事项。

a. 在开展高空作业时，严禁将安全带系挂在避雷器及避雷器均压环上。

b. 雷雨天气严禁更换放电计数器。

c. 更换放电计数器前，应将避雷器至放电计数器引线可靠旁路接地。

d. 雷雨天气严禁对避雷器开展检修工作。

2）关键工艺质量控制。

a. 备品测试合格，技术参数符合标准，放电动作计数器应恢复至零位。

b. 放电计数器固定可靠、密封良好，观察窗内无凝露，无进水现象，外观无破损、无锈蚀。

c. 放电计数器表面完好，固定可靠、无锈蚀、无开裂。

d. 放电计数器与避雷器如果采用绝缘导线连接，其表面应无破损、无烧伤，两端连接螺栓无松动、无锈蚀。

e. 放电计数器与避雷器如果采用硬导体连接，其表面应无变形、无松动、无烧伤，两端连接螺栓无松动、无锈蚀，固定硬导体的绝缘支柱无松动、无破损，无明显积污。

（4）绝缘底座的检修。

1）安全注意事项。

a. 在开展高空作业时，严禁将安全带系挂在避雷器或避雷器均压环上。

b. 如需对避雷器绝缘底座进行更换，在更换过程中避雷器应妥善放置。

c. 雷雨天气严禁对避雷器开展检修工作。

2）关键工艺质量控制。

a. 绝缘底座无破损、无锈蚀，无明显积污。

b. 根据瓷外套表面积污特点，选择合适的清扫工具和清扫方法对绝缘底座进行清理，尤其是伞棱部位应重点清扫。

c. 绝缘底座采用穿芯套管，应对穿芯套管进行检查和清理，有破损的应进行更换。

d. 绝缘底座法兰黏合处防水密封胶有起层、变色时，应将防水密封胶彻底清理，并重新涂覆防水密封胶。

e. 绝缘底座绝缘电阻不符合标准时，应进行解体检测，并根据检测结果更换相关部件。

（5）均压环的检修。

1）安全注意事项。

a. 在开展高空作业时，严禁将安全带系挂在避雷器或避雷器均压环上。

b. 均压环在更换前应绑扎牢靠，并设置揽风绳避免均压环与瓷柱部件碰撞受损。

c. 雷雨天气严禁对避雷器开展检修工作。

2）关键工艺质量控制。

a. 均压环装配牢固，无倾斜、无变形、无锈蚀。

b. 均压环表面无毛刺、平整光滑，表面凸起应小于规定数值。

c. 均压环焊接部位应均匀一致，无裂纹、无弧坑、无烧穿及无焊缝间断，并进行防腐处理。

d. 均压环对地、对中间法兰的空气间隙距离应符合产品技术标准。

e. 均压环支撑架及紧固件锈蚀严重的应更换为热镀锌件。

f. 均压环排水孔应通畅。

g. 螺栓材质及紧固力矩应符合技术标准。

2. 金属氧化物避雷器

（1）整体或元件更换。

1）安全注意事项。

a. 在开展高空作业时，严禁将安全带系挂在避雷器或避雷器均压环上。

b. 工作过程中严禁攀爬避雷器、踩踏避雷器均压环。

c. 拆除前应先将被拆除部分可靠固定，避免引流线滑出、均压环坠落、绝缘件倒塌。

d. 避雷器在搬运、吊装避雷器过程中，严禁受到冲击和碰撞。

e. 按厂家规定吊装设备，并根据需要设置揽风绳控制方向。

f. 断开相关二次电源，并采取隔离措施。

g. 雷雨天气严禁对避雷器开展检修工作。

2）关键工艺质量控制。

a. 设备型号及技术参数应满足设计要求，并对照货物清单检查元件是否齐全。

b. 安装使用说明书、出厂试验报告、产品合格证、装配图纸等技术文件完整。

c. 避雷器外观完好、无脏污。

d. 避雷器法兰排水孔通畅、安装位置正确，无堵塞，法兰黏合牢靠，有防水措施。

e. 避雷器、监测装置元件应检测合格。

f. 避雷器应正直立放，不得倒放、斜放或倒运。

g. 带并联间隙的金属氧化物避雷器，应对并联间隙距离及金属氧化物避雷器配合参数进行校验。

h. 避雷器释连接片及喷嘴应完整、无变形、无损伤，装配中释连接片及喷嘴不应受力。

i. 多节避雷器应采取单节方式装配，装配中瓷套法兰黏合处不应受力。

j. 多节避雷器安装应按照使用说明书要求顺序装配，各节之间严禁互换。

k. 避雷器在更换中不允许拆开或者破坏密封。

l. 采用微正压结构的避雷器密封状态应良好，各元件上的自封阀完好。

m. 避雷器金属接触面在装配前应清理表面氧化膜及异物，并涂适量电力复合脂。

n. 并列装配的避雷器三相中心应在同一条直线上，铭牌易于巡视观察。

o. 避雷器垂直度应符合避雷器设备制造方的规定，调整时可在法兰间加金属片校正，并保证其导电性能，其缝隙用防水胶涂覆。

p. 均压环装配牢靠、水平、不得倾斜，对地、对中间法兰的空气间隙距离应符合技术标准。

q. 避雷器压力释放通道应朝向安全地点，排出的气体不致引起相间短路或对地闪络，并不得喷及其他设备。

r. 监测装置密封良好，三相装配位置一致。

s. 监测装置观察窗清晰、无破损，安装位置应符合运行人员巡视要求。

t. 监测装置绝缘小套管无裂纹、无破损。

u. 避雷器接线板、导线、设备线夹外观无异常，螺栓应与螺孔相配套。

v. 埋头螺栓应采用不锈钢材质，螺孔内应涂适量防锈润滑脂。

w. 瓷外套顶部密封用螺栓及垫圈应采取防水措施，底部压紧用的扇形铁片应无松动，底部密封垫完好，并采取防水措施。

x. 严禁在装配中改变接线板、设备线夹原始角度。

y. 避雷器高压侧引线弧垂、截面应符合规范要求。

z. 避雷器各引线的连接不应使端子受到超过允许负荷的外加应力。

（2）连接部位的检修。

1）安全注意事项。

a. 在开展高空作业时，严禁将安全带系挂在避雷器或避雷器均压环上。

b. 更换或调整连接部位时，应检查连接部位是否存在裂纹和破损，否则应将连接部位可靠固定后再进行检修。

c. 雷雨天气严禁对避雷器开展检修工作。

2）关键工艺质量控制。

a. 连接螺栓无松动、无缺失，定位标记无变化。

b. 避雷器各节连接螺栓应与螺孔尺寸相配套，否则应进行更换。

c. 螺栓外露丝扣及装配方向应符合规范要求。

d. 严重锈蚀或丝扣损伤的螺栓、螺母应进行更换。

e. 弹簧垫圈、螺栓、螺母宜采用热镀锌工艺产品。

f. 避雷器各连接面应无缝隙，并涂覆防水胶。

g. 避雷器垂直度应符合避雷器设备生产厂家的规定，调整时可在法兰间加金属片校正，并保证其导电性能。

h. 更换或重新紧固后的螺栓应标识。

i. 螺栓材质及紧固力矩应符合技术标准。

（3）外绝缘部分的检修。

1）安全注意事项。

a. 在开展高空作业时，严禁将安全带系挂在避雷器或避雷器均压环上。

b. 瓷外套表面防污闪涂层未风干前严禁触摸、践踏及送电。

c. 雷雨天气严禁对避雷器开展检修工作。

2）关键工艺质量控制。

a. 设备外绝缘和耐污等级应满足安装地区配置要求。

b. 瓷外套表面单个破损面积不允许超过相关规定数值。

c. 瓷外套与法兰处黏合应牢固、无破损，黏合处露砂高度不小于相关规定数值，并均匀涂覆防水密封胶。

d. 瓷外套法兰黏合处防水密封胶有起层、变色时，应将防水密封胶彻底清理，清理后重新涂覆合格的防水密封胶。

e. 瓷外套伞裙边沿部位出现裂纹应采取措施，并定期进行监督，伞棱及瓷柱部位出现裂纹应更换。

f. 运行规定年限及以上的瓷套，应对法兰黏合处防水层重点进行检查。

g. 严重锈蚀的法兰应对其表面进行防腐处理。

h. 选择合适的工具和清扫方法对伞裙的上、下表面分别进行清理，尤其是伞棱部位应重点清扫。

i. 严禁在雨天、雾天、风沙的恶劣天气及环境温度低于规定温度、空气相对湿度大于规定湿度的户外环境下进行防污闪涂敷工作。

j. 瓷质绝缘子表面防污闪涂层有翘皮、起层、龟裂时，应将异常部位清除干净，然后复涂。

k. 瓷质绝缘子表面涂层进行复涂时，应对原有涂层表面的尘垢进行清理，对附着力良好但已失效的原有防污闪涂层，无须清除，可在其上直接复涂。

l. 严格按照防污闪涂料说明书进行涂覆工作，涂覆表面无瓷外套釉色、涂层厚度均匀、颜色一致，表面无挂珠、无流淌痕迹。

m. 复合外套表面不应出现严重变形、开裂、变色。

n. 复合外套单个缺陷面积不超过相关规定数值，深度不大于相关规定数值，总缺陷面积不应超过相关规定数值。

o. 复合外套表面凸起高度不超过相关规定数值，黏接合缝处凸起高度不超过相关规定数值。

p. 避雷器严禁加装辅助伞裙。

（4）监测装置的检修。

1）安全注意事项。

a. 雷雨天气严禁更换监测装置。

b. 在开展高空作业时，严禁将安全带系挂在避雷器及避雷器均压环上。

c. 更换监测装置前，应将避雷器至监测装置引线可靠旁路接地。

d. 断开监测装置二次电源，并采取隔离措施。

e. 雷雨天气严禁对避雷器开展检修工作。

2）关键工艺质量控制。

a. 备品测试合格，技术参数符合标准，监测装置计数器应恢复至零位（双指针式）。

b. 监测装置密封良好、观察窗内无凝露、无进水现象，外观无锈蚀、无破损。

c. 监测装置可靠固定、无开裂、无锈蚀。

d. 监测装置与避雷器如果采用绝缘导线连接，其表面应无破损、无烧伤，两端连接螺栓无松动、无锈蚀。

e. 监测装置与避雷器如果采用硬导体连接，其表面应无变形、无松动、无烧伤，两端连接螺栓无松动、无锈蚀，固定硬导体的绝缘支柱无松动、无破损，无明显积污。

f. 监测装置二次接线应牢靠、接触良好，无破损、无松动。

g. 监测装置二次端子、螺栓、垫圈无锈蚀、无缺失、无变形，如发现问题则应更换补齐。

h. 监测装置二次接线排列整齐、美观，吊牌、封堵及标识正确完好。

i. 监测装置二次回路接线正确，绝缘符合相关技术标准。

j. 监测装置数据采集及显示功能正常。

（5）绝缘底座的检修。

1）安全注意事项。

a. 在开展高空作业时，严禁将安全带系挂在避雷器或避雷器均压环上。

b. 如需对避雷器绝缘底座进行更换，在更换过程中避雷器应妥善放置。

c. 雷雨天气严禁对避雷器开展检修工作。

2）关键工艺质量控制。

a. 绝缘底座无锈蚀、无破损、无明显积污。

b. 根据瓷外套表面积污特点，选择合适的清扫工具和清扫方法对绝缘底座进行清理，尤其是伞棱部位应重点清扫。

c. 绝缘底座采用穿芯套管，应对穿芯套管进行检查和清理，有破损的应进行更换。

d. 绝缘底座法兰黏合处防水密封胶有起层、变色时，应将防水密封胶彻底清理，并重新涂覆防水密封胶。

e. 绝缘底座绝缘电阻不符合标准时，可根据情况进行解体检测，并根据检测结果更换相关部件。

（6）均压环的检修。

1）安全注意事项。

a. 在开展高空作业时，严禁将安全带系挂在避雷器或避雷器均压环上。

b. 均压环在更换前应绑扎牢靠，并设置揽风绳避免均压环与瓷柱部件碰撞受损。

c. 雷雨天气严禁对避雷器开展检修工作。

2）关键工艺质量控制。

a. 均压环应牢固、水平，无倾斜、无变形、无锈蚀。

b. 均压环变表面无毛刺、平整光滑，表面凸起应在相关规定数值允许范围内。

c. 均压环焊接部位应均匀一致，无弧坑、无裂纹、无烧穿及无焊缝间断，并进行防腐处理。

d. 均压环对地、对中间法兰的空气间隙距离应符合产品技术标准。

e. 均压环支撑架及紧固件锈蚀严重的应更换为热镀锌件。

f. 均压环排水孔排水通畅无堵塞。

g. 螺栓材质及紧固力矩应符合技术标准。

6.5 避雷器典型案例分析

6.5.1 避雷器检修试验典型案例分析一

1. 缺陷概况

氧化锌避雷器是限制电力系统中操作过电压与雷击过电压的一种重要设备，用于保护其他电气设备，所以避雷器安全性能也尤为重要。随着电网建设的跨越发展，电力系统内避雷器数量也迅猛增长，避雷器状态检测的准确性就显得相当重要。本节通过结合一起 220kV 避雷器在线监测告警缺陷处理过程，分析在线监测告警的原因、影响在线监测的因素以及排除避雷器在线监测干扰的思路对策，同时发现运检合一后运检人员消缺相关工作的时效性显著。

2. 运检人员原因分析及处理

一起避雷器在线监测告警的缺陷经过如下：220kV××变电站 220kV 234 避雷器 10 点起间歇性出现 C 相阻性电流“越报警上限”故障，在线监测系统全电流约 670μA，阻性电流峰值最高达 213μA，避雷器型号 YH1OW－200/496W。运检人员带齐工具后采用 TV 电压测量法对 220kV××变电站 220kV 234 避雷器进行带电测试，数据未现

明显异常。

对比数据，在线监测阻性电流值高出 1 倍，带电测试后工作人员制订跟踪措施，运检人员对 220kV××变电站 220kV 234 避雷器再次进行带电测试，数据未变化，经综合分析初步判定 OMDS 在线监测系统故障。运检人员自行携带其他型号仪器对 220kV××变电站 220kV 234 避雷器带电试验，但 B 相阻性电流 149μA，数据合格但不同型号仪器测量结果存在较大误差，后经在线监测维护人员对 220kV 234 避雷器 OMDS 在线监测传感器电路板进行更换后，避雷器在线监测数据恢复正常。

原因分析如下：

上述告警消缺案例中，虽然最终确认是在线监测系统电路板问题仪器阻性电流越上限报警，但不同时间不同仪器带电测试的结果却明显存在差别，数据可靠性不稳定，结合开展的在线监测实用化分析比对工作来分析，根据××省避雷器在线监测数据的跟踪统计，重复性方面，全电流波动在 10%以内的占 93.45%，阻性电流波动在 10%以内的占 75.14%；准确性方面，全电流与带电测试偏差不大于 10%占 98.6%，阻性电流与带电测试偏差不大于 30%占 77.40%，总体可以满足要求，但仍存在部分数据无法真实反映数据情况应受到相关干扰因素影响，因此分析干扰原因，排除干扰是彻底解决数据准确性以及在线监测实用化进程问题的关键。

避雷器在线监测影响因素分析如下：避雷器在线监测获取的数值包括全电流、阻性电流、容性电流、功率损耗、角度等，因在线监测系统的特性，一般情况下最直接影响数据准确性的为系统通信模块故障及系统硬件故障，在日常在线监测消缺中最常见的故障原因也是有系统故障引起，因此提高在线监测系统软硬件的可靠性是排除监测数据干扰的前提保障。就在线监测数据准确性而言，影响因素主要有避雷器两端电压中谐波分量、M0A 两端电压波动、MOA 外表而污秽、运行中三相 MOA 的相互影响、测试点电磁场的影响，以及环境温度、湿度等，因此分析影响避雷器监测数据的干扰源因结合站内实际综合分析。

就避雷器两端电压中谐波分量而言，谐波电压是从幅值和相位两方而来影响阻性电流峰值，谐波情况不同，可能值测量的结果相差很大，而阻性电流基波峰值 IRIP 则基本不受谐波成分影响，因此建议现场测试判定 MOA 的质量状况时应以阻性电流基波峰值 IRIP 为准。

就外表面污秽而言，除了对电阻片柱电压分布的影响从而使其内部泄漏电压增加外，其外表面泄漏电流对测试精度的影响也不能忽视。污秽程度不同，环境温度不同，其外表面的泄漏电流对阻性电流的测量影响也不一样，由于避雷器阻性电流很小，因此即使很小的外表而泄漏电流也会给测试结果带来误差。

另外，测试点电磁场较强时，会影响到电压 U 与总电流 I_x 的夹角，从而会使测得的阻性电流贬值数据不真实，给测试人员正确判断判断的状态带来影响。一般运行中三相避雷器是并排列的，相邻两相之间通过杂散电容等的影响，使得两侧单相避雷总电流发生变化，其值与安装位置有关，MOA 相间距离越近，影响越大，这种相间干扰在湿度较高的情况下影响更大，也比较普遍。

总结及计划下一步工作：

避雷器在线监测已逐步广泛应用，虽然技术已逐年成熟，但仍存在部分在线监测数据受到相关干扰因素影响无法真实反映数据的情况，因此在对避雷器在线监测数据监控分析时，运检人员需要加强培训内容包括各类仪器设备基本使用方法，尤其出现明显变化趋势及告警信息时应综合分析可能的干扰因素，排除干扰，同时可结合红外测温、高顺局放等其他带电检测手段综合分析判断避雷器设备状态，对干扰及时排除，对缺陷及时消除，确保电网设备安全稳定运行。

本案例运检合一前后优点总结如下：

1.“运检合一”后管理变革

（1）“运检合一”前对避雷器的管理：

1）避雷器装置安装质量由检修专业人员把控。

2）避雷器装置准确度由试验专业人员把控。

3）避雷器装置安装验收由运维专业人员把控。

4）避雷器本体、均压环、绝缘底座、监测装置、引流线、接地装置、构架以及基础巡视由运维专业人员把控。

5）避雷器整体或元件更换，连接部位、外绝缘部分、监测装置、绝缘底座以及均压环的检修由检修专业人员把控。

6）避雷器本体及元件各项检测及试验由试验专业人员把控。

（2）“运检合一”后对避雷器的管理：

1）避雷器装置安装质量及安装验收由运检专业人员把控。

2）避雷器装置准确度由试验专业人员把控。

3）避雷器本体、均压环、绝缘底座、监测装置、引流线、接地装置、构架以及基础巡视和避雷器部分元件更换，连接部位、外绝缘部分、监测装置、绝缘底座以及均压环的检修由运检专业人员把控。

4）避雷器整体更换由检修专业人员把控。

5）避雷器本体及元件各项检测及试验由试验专业人员把控。

2.“运检合一”前后缺陷处理

（1）“运检合一”前对氧化锌避雷器的消缺处理：

1）运维专业人员发现在线监测装置读数偏大。

2）运维专业人员检查避雷器本体外绝缘积污程度，是否有裂纹或破损。

3）运维专业人员在确定内部有无异常声响发出后配合检修专业人员进行红外检测及紫外测量，并根据检查及检测结果，综合分析异常原因。

4）运维专业人员核查避雷器放电计数器动作情况。若在正常情况下泄漏电流读数超过初始值 1.2 倍，则确定为严重缺陷；若在正常情况下泄漏电流读数超过初始值 1.4 倍，则确定为危急缺陷。

5）运维专业人员向值班调控人员汇报。

6）检修专业人员停电检查避雷器本体，或更换在线监测装置。

7）试验专业人员对检修后的避雷器进行常规试验。

8）运维专业人员对试验后的避雷器完成验收工作。

（2）“运检合一”后对氧化锌避雷器的消缺处理：

1）运检专业人员发现在线监测装置读数偏大。

2）运检专业人员检查避雷器本体外绝缘积污程度，是否有裂纹或破损。在确定内部有无异常声响发出后立即对避雷器进行红外检测及紫外测量，并根据检查及检测结果，综合分析异常原因。核查避雷器放电计数器动作情况。若在正常情况下泄漏电流读数超过初始值 1.2 倍，则确定为严重缺陷；若在正常情况下泄漏电流读数超过初始值 1.4 倍，则确定为危急缺陷。

3）运检专业人员向值班调控人员汇报。

4）运检专业人员停电检查避雷器本体，或更换在线监测装置。

5）试验专业人员对检修后的避雷器进行常规试验。

6）运检专业人员对试验后的避雷器完成验收工作。

6.5.2　避雷器检修试验典型案例分析二

1. 案例过程及分析

雷雨中某生产厂及生活区高、低压全部停电。经检查，35kV 高压输电线中的 B 相导线断落，雷击时变电站内高压跌落式熔断器有严重的电弧产生。低压配电室内也有电弧现象并伴有爆炸声，有一台低压配电柜内的二次线路被全部击坏。

35kV 变电站，输电线路呈三角形排列，全线架设了避雷线；35kV 变电站的入口处，装设了避雷器和保护间隙。保护间隙被雷击坏后，一直没有修复；在变电站的周围还装设了两根 24m 高的避雷针，防雷措施比较全面，但还是遭受到雷击。

雷击发生后，运检人员立即进行了认真检查，防雷系统接地电阻均小于 4Ω，符合规程要求。检查有关预防性试验的记录，发现 35kV 变电站内的 B 相避雷器，其试验数据当时由于生产紧张等原因，一直未予以处理。雷击以后分析认为，造成这起雷击损坏的主要原因有：

（1）雷电是落在高压线路上，线路上没有保护间隙，当雷击出现过电压时，没有能够通过保护间隙使大量的雷电流泄入大地，而击断了高压输电线路。

（2）当雷电波随着线路入侵到变电站时，由于 B 相避雷器质量不良，冲击雷电流不能够很好地流入大地，产生较高的残压，当超过高压跌落式熔断器的耐压值时，使跌落式熔断器被击坏。

（3）当避雷器上有较高的残压时，由于避雷器的接地系统和变压器低压侧的中性点接地是相通的，造成变压器低压侧出现较高的电压。低压配电柜的绝缘水平比较低，在低压侧出现过电压时，绝缘比较薄弱的配电柜首先被击坏。

2. 改进措施

（1）恢复线路的保护间隙，使雷击高压线路时，保护间隙首先能够被击穿而把雷电流泄入大地，起到保护线路和设备的作用。

（2）当带电测试发现避雷器质量不良时，要及时拆下进行检测，包括：① 测量绝缘电阻；② 测量电导电流及检查串联组合元件的非线性系数差值；③ 测量工频放电电压。只有当这些试验结果都符合有关规程要求时才可继续使用，否则，应立即予以更换。

（3）在电气设备发生故障后，经修复绝缘水平满足要求后才可再投入使用。

6.5.3 避雷器检修试验典型案例分析三

1. 案例过程及分析

运检人员巡视某变电站 10kV 侧母线电压不平衡，电压波动严重。随后听到警铃响声，C 相电压指零，另两相电压升高，运检人员立即断开电压互感器高压电源，进行检查。发现电压互感器 C 相线圈烧毁，随即找了一只新互感器投运。不到半个小时，忽闻开关室内一声巨响，10kV 电压三相指零又迅速回升正常。经观察系 10kV C 相母线避雷器爆炸。随即停电发现，C 相避雷器上部被炸成两截，上半截吊在原高压引线上，高压引线有严重过热现象；下半截在原地未动。进一步检查发现，瓷套外表面烧焦，内壁有明显拉弧的痕迹；断口内残存的阀片溶化破损，有两片云母垫发黑。检查雷电计数器记录，先后三相共动作 6 次，A、B、C 相分别为 1、2、3 次。变电站内其他避雷器均未动作。

事故后运检人员用避雷器进行试验，但 C 相避雷器因其部分元件炸散，无法重新组装，于是就将原阀片装入 A 相避雷器瓷套内，并利用其并联电阻和火花间隙进行测试，两相解体检查，除发现火花间隙上有轻微的放电痕迹外，亦无其他问题。

随后检查并联电阻，正常的并联电阻，每片在 5～8.5MΩ 之间，两片串联时约为 22MΩ。经测量，在 A、B 两相避雷器中拆出的各片电阻值正常，但 C 相有两片阻值为零：其中一片长度约为完好电阻长度 2/3，取同长度的完好电阻测量，阻值均在 3～5MΩ 之间；另有一片，长度为完好电阻长度的 3/5，阻值为 0.5MΩ，取同长度完好电阻测量，阻值 4～6MΩ 之间。由此可知，C 相并联电阻严重损坏，引起避雷器爆炸。

由于此变电站 10kV 系统中性点不接地，10kV 线路 B 相断线时，形成单相弧光接地，引起系统振荡，产生间歇性过电压，致使 A、C 两相电压升高。因未及时切断故障线路，使互感器和避雷器长时运行在非正常电压之下，以致互感器一次电流增大，磁通趋于饱和，过载而烧毁。同时，避雷器也长时间地流过数倍于正常的泄漏电流。由于并联电阻的热容量较小，在此非正常的泄漏电流作用之下，电阻长期过热，迅速劣化，又破坏了避雷器的正常性能。当系统中再次发生过电压时，由于并联电阻的损坏、造成了火花间隙内电压分布不匀，不能迅速有效地切断工频续流，使套管内气体游离，压力剧增，终于导致发生爆炸。

2. 改进措施

中性点不接地系统长时间带接地运行，不但对中性点接地的电压互感器有害，而且

也会造成避雷器并联电阻的损坏，导致避雷器爆炸。

因此，运检人员除应严格按照运行规程中“35kV 及以下无消弧线圈补偿系统的带接地运行时间不能超过 2h”的规定执行以外，还应尽可能地缩短这种运行时间，以免再发生类似的爆炸事故，直接威胁系统的安全运行。

第 7 章

变电站检修与试验“运检合一”案例

本章以作者某供电公司为例，结合开展“运检合一”工作的相关经验，分析 6 个运检合一后的实例，体现运检合一后运检缺陷效率明显提升；员工技能水平突破原有运维、检修隔膜，技能更加全面；运检人员遇到缺陷后先自行处理并分析，极大减少专业检修人员到场与处理等中间重复检查时间环节，将消缺时间缩短一半；运检人员按照常规处理方式处理，解放专业人员人力，安排处理更加疑难的缺陷，同时通过对传统缺陷隐患的发现、检修消缺流程压减，明显扭转了历年来缺陷遗留总数不断上升的趋势。

7.1 实施“运检合一”后新型培养方式实例分析

在国家电网公司迈向世界一流能源互联网的大背景下，为进一步提高工作效率，提升安全质量，某公司将变电站运维工作与检修工作有机结合的“红船＋运检合一”工作模式应运而生。

然而原来的运维人员与检修人员技能各有侧重，对彼此的业务一般较为生疏，直接影响了“运检合一”工作模式的有效执行。为实现运维与检修工作的深度融合，切实提升运检工作效率与质量，运检人员的技能拓展与提升成为一个亟待解决的问题。因此在某供电公司内部实施下列培养方式：

第一，运维与检修岗位交叉互换。安排青年检修人员进入运维班组从事运维相关工作，在倒闸操作、安全措施布置、异常分析等实际工作中逐步学习锻炼。同理安排运维人员进入相关专业检修班组从事专业检修工作，在检修工作现场实现第二技能锻炼提升。通过岗位交叉，真正意义上实现运维与检修人员的技术互帮互带，实现运检技能的共同提升。

第二，员工与技术管理层订立师徒协议。技术管理层对青工“一对一”培养，在实际工作中给予青工更深入的技术指导、更先进的理论教育、更正确的道路指引，对员工在实际工作中遇到的技术难题和困惑深入解答，并对员工的技能水平和思想动态监督考察，让员工在进单位前几年迅速成长成才，快速跟上“运检合一”工作节奏。

第三，做好运检培训工作。在牢固原本职工作技能的基础上，加强第二工作技能培训。通过“6C 培训模式”、组建内训师团队或外聘电力系统高水平专家、针对性培训方式等，帮助员工从理论和实践上理解并掌握相关岗位的技能。并做好培训过程管控，建立“学一项，考一次”的间段考核体系，强化员工的所学知识，确保达到培训效果。

新型培养模式在落实后，员工快速掌握相关技能的理论知识，并在反复的实践中加以强化，实现理论与实际工作的融会贯通。不仅本职岗位技能逐步提升，通过与其他专业岗位的交叉锻炼，其他岗位技能也实现了同步提升，实现了运检工作的深度融合，使得工作效率提高，工作质量和安全生产方面也得到了极大的提升。

7.2　开关柜检修试验典型案例分析

开关柜状态检修是运维和检修专业的常规工作之一。开关柜具有现场布置紧凑，设备密集，带电部位封闭等特点。公司所辖变电站开关柜多属 20、10kV 电压等级，且基本都直接对接配网及用户，因此开关柜的安全运行对用户的可靠供电起着至关重要的作用。

传统开关柜 C 级检修现场工作流程为：运维人员停电操作—布置安措—许可工作票—检修人员开展工作—工作结束，双方进行验收—运维人员送电。考虑到最简配置，需运维人员 2 名（操作人、监护人），检修人员 3 名（工作负责人、工作班成员 2 名），车辆 2 辆。在实行运检合一之后，则可将人工缩减至 3 名，有效释放人力资源。公司所辖变电站开关柜共计 7450 台，按照每次 4 台柜检修估计，共可节约人力 3725 人次，节约车辆 3725 辆次。而对开关柜以外的设备 C 类检修，则可同等参考。

1. 案例 1：“运检合一”新模式下，班组例行 C 级检修工作流程

在班组实行运检合一后，班内员工全部具有运行及检修技能，此时班组长在执行检修计划时可以统一部署，调配车辆与人员，以公司所属某运检班为例，××××年××月××日，班内有一项 10kV 开关柜 C 级检修工作，班组长在收到计划后，即安排工作票签发人员签发好工作票，并由当班运检人员提前一天填写好工作票。在工作当日，班长安排了张某担任操作监护人与这次检修的工作班成员，蔡某担任操作人，同时担任工作票负责人，并安排了运检工李某担任另一名工作班成员。

在许可好工作票后，工作负责人蔡某进行了工作分工，由张某负责断路器的例行试验、保护校验工作，李某进行配合；李某负责避雷器的试验工作，张某进行配合。在工作期间，张某对断路器的回路电阻，分、合闸时间，同期校验进行了测试，同时对断路器的低电压分、合闸情况，绝缘情况，工频耐压情况等进行了试验。李某对避雷器的绝缘及耐压进行了试验。所有试验数据均由负责人统一整理在试验记录簿册中。

运检合一后现场运维检修工作的流程：

（1）提前办理工作票、操作票；

（2）现场接受调度令，倒闸操作；

（3）布置现场安全措施；

（4）许可工作票；

（5）现场进行检修工作；

（6）进行工作验收，终结，回收安全措施；

（7）向调度汇报工作终结，恢复送电。

在此工作期间，通过运维与检修之间的岗位动态切换，运检工的运维与检修技能得到了充分的发挥。通过建立运检班组，班组的承载力也得到了大幅提高，有效提升了工作效率与工作质量。

2. 案例 2：35kV 开关柜开关合闸线圈烧毁故障处理

公司所属某变电站 35kV 开关采用开关柜形式，该开关柜型号为 GBC。××××年××月××日 10 时 15 分，运检工陈某和储某按照调度所发正令，对该变电站 35kV 母分开关进行热备用改为运行的合环操作。在操作后台发送了合闸命令后，后台开关并未变位。于是运检工想到了这种类型的开关柜由于其设计问题，在合闸时可能造成合闸线圈烧毁的现象。在确定后台操作无误后，运检工到现场实际检查了开关变位情况，发现该开关的确未变位，仍为分闸位置，并且现场有淡淡的焦煳味。于是运检工将该情况汇报了班组及工区管理人员。于是工区管理人员决定对该开关进行检修处理。运检工将相关情况向调度汇报后，调度临时发令，将该 35kV 母分开关改为检修。在将 35kV 母分开关小车拉至柜外并布置好现场安措后，运检工陈某和储某打开了该开关小车的封板，在将合闸线圈拆开后，通过电阻测量，发现该合闸线圈的确烧毁。于是紧急调用备品，进行线圈的更换。运检工褚某由于具有一次设备检修经验，在异常处理过程中担任工作负责人，全程指导陈某进行开关检查，如图 7－1 所示。该类型的合闸线圈由于合闸接触器触头粘连，合闸线圈长时间带电而烧毁。于是通过不断调节触头开距及总行程后，对其进行了动作电压试验，检查合闸线圈在不同电压下的动作特性。在试验合格后，运检工将该开关进行了复役操作，在合闸时进行了特别留意，最终该开关合闸成功。运检工进行开关检查如图 7－1 所示。

图 7－1　运检工进行开关检查

3. 案例 3：20kV 电压互感器高压熔丝熔断故障处理

××××年××月××日 10 时 15 分，监控来电，某变电站 20kV Ⅱ 段母线 B 相电压有下降趋势，要求运检工到现场检查。在接到电话后，运检工第一时间检查了远方监控情况，发现 B 相电压已下降为 8.6kV，A、C 相电压不变，为 12kV，如图 7－2 所示。在通过相关现象分析后，运检工认为，该 B 相熔丝可能发生了熔断，并且还在持续熔断过程中，因而电压暂未降至 0。于是立即通知另一名运检工，一同到现场进行检查。到达现场后，运检工发现 B 相电压已降至 0，于是先用万用表对该电压互感器的二次低压侧空气开关进行了电压测量，发现空气开关的上下桩头 A、C 相电压正常，为 57.7V，B 相电压为 0，于是初步判断为电压互感器高压熔丝熔断，并将相关情况告知了调度，建议将该电压互感器改为检修。在将电压互感器手车拉至柜外后，运检工对电压互感器熔丝进行了检查，发现 B 相熔丝电阻为无穷大，确实烧断，于是对该熔丝进行了更换。在将电压互感器改至运行后，通过检查发现，该段母线 B 相电压恢复正常。

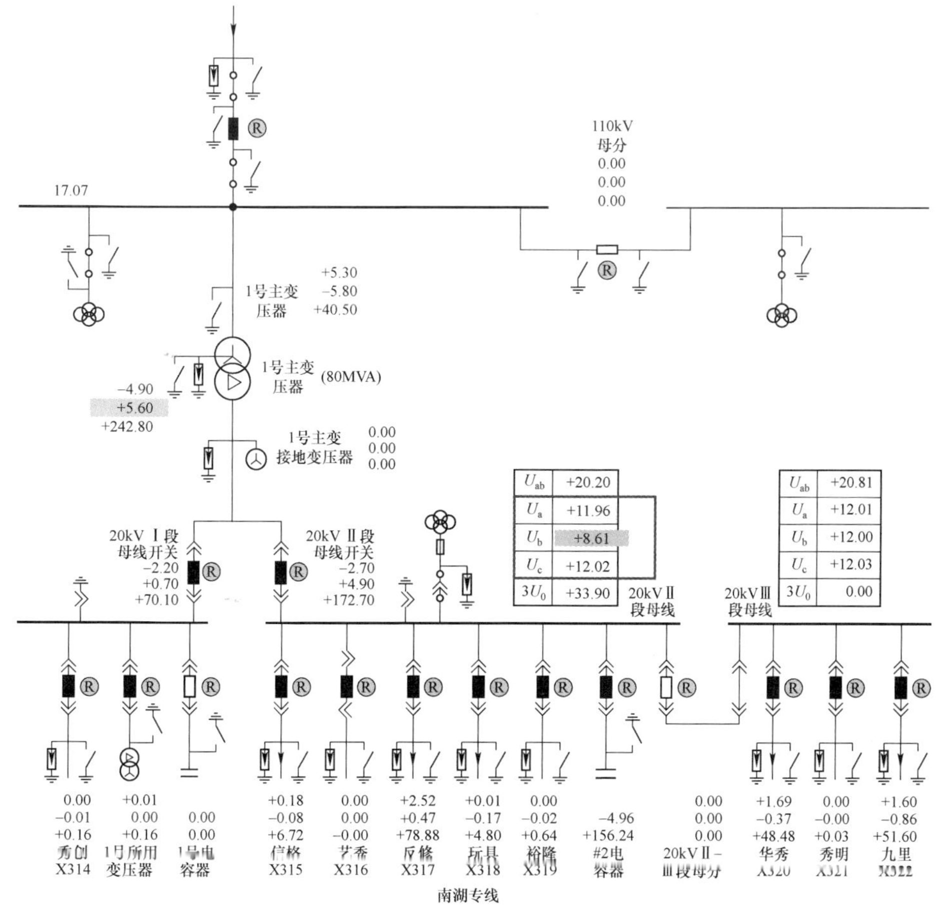

图 7－2　20kV Ⅱ段母线电压异常后台情况

由于 20kV 电压等级特殊，其采用中性点非直接接地系统，因而在线路发生故障跳闸时，容易发生电压波动。据悉，该变电站 20kV 共有 4 段母线，在投产至今 20kV 电压互感器每年都有熔断的情况发生，因而运检班组在变电站中备足了熔丝备品。对于运检工则要求其掌握电压互感器异常分析，掌握熔丝更换方法，在最短时间内实现停电、更换熔丝的故障处置。

在“运检合一”模式下，班组内部的运行及检修工作流程得到优化，相关人员一岗多能得到充分发挥。同时，班组员工通过不断积累检修经验，在学习中成长，以练代培，逐步可以处理现场比较复杂的故障，既缩短了响应时间，提升故障响应效率，同时优化了人力资源，实现了经济效益。

7.3 高压套管检修试验典型案例分析

1. 案例1：穿墙套管渗水典型案例分析

高压穿墙套管在变电站中作为户内设备与户外设备之间的过渡载体，它用作为导电部分穿过墙壁，起到绝缘和支持的作用。套管在墙体上必须封堵完好，否则雨水可能沿着套管进入户内，引起设备绝缘损坏或短路。因而，在日常巡视中，要密切关注户内部分是否有渗水情况。

图7－3　室内穿墙套管

××××年××月××日，公司运检工周某在进行台风特殊巡视时，发现220kV××变电站1号主变压器10kV侧开关室穿墙套管封堵泥破损的问题，可能存在套管底部安装法兰渗水的重大安全隐患。由于低压侧室内穿墙套管为封闭式安装，因此具有一定的隐蔽性，如图7－3所示。若渗水不及时检查处理，可能引发接地短路故障或者穿墙套管炸裂。于是周某立即汇报相关领导及专业管理人员，在经过协调后，相关部门准备对1号主变压器进行停电处理，一方面检查穿墙套管内部渗水情况，对渗水部位进行封堵修补，另一方面对该穿墙套管进行相关试验，以检查其是否满足运行要求。

运检工周某与沈某立即根据调度指令对1号主变压器进行了停电操作，1号主变压器10kV侧挂设好接地线后，周某与沈某打开了室内穿墙套管的封壳，发现该穿墙套管里高外低，有倾斜角度，暂时没有渗水从母排延伸，其支持绝缘子暂无水迹。穿墙套管内侧渗水处封堵为防火泥，经修复封堵后，周某与沈某恢复了主变压器的运行。

本次应急抢修通过班组内部成员完成了运维与检修试验工作，有效缩短了部门之间协调的过程，提升了消缺的效率，确保了台风期间设备安全稳定无跳闸事故。

2. 案例2：变压器低压侧套管渗油典型案例分析

变压器套管是变压器箱外的主要绝缘装置，变压器绕组的引出线必须穿过绝缘套管，使得引出线之间及引出线与变压器外壳之间绝缘，同时起到固定引线的作用。一般情况下，充油变压器的套管都是充油套管，因而在运行中要时刻注意套管油位的变化。对于35kV及以下电压等级的变压器套管，一般没有明显的油位观察窗口。在长期运行过程中，由于橡皮垫圈老化等原因，可能发生渗油。因此，在巡视中需认真观察套管表面是否有渗油，一旦套管有渗油造成油位偏低，则有可能造成套管散热不及时，运行温度过高，在严重情况下可能发生运行事故。

××××年××月××日，公司所属某110kV变电站进行1号主变压器构架鸟窝拆除工作。该鸟窝搭建于主变压器正上方构架上。运检人员对主变压器进行停电、布置好

安全措施后，相关处理人员对鸟窝进行了清除。当运检人员爬上主变压器进行验收时，发现 1 号主变压器 10kV 套管升高座上有渗油痕迹，绝缘子上无明显油迹，判断该套管可能有渗油情况发生，如图 7－4 所示。运检工将该起异常情况汇报班组后，班组决定结合本次停电机会进行消缺。后经检查，发现套管升高座与绝缘子之间的法兰连接螺栓有松动，在紧固了螺栓，并进行擦拭后，发现暂不渗油。

由于渗油速度较慢，暂时还未滴至主变压器下方，因而主变压器下方鹅卵石基础上并无油迹。加之该渗油属于较隐蔽的部位，处于主变压器正上方，在日常巡视过程中属于一个盲点。在本次异常情况处理过程中，运检人员充分发挥了设备主人的作用，对相关检修工作进行认真仔细的验收，同时对于临时发现的问题及时把控，与班组及上级部门之间进行沟通，在有停电机会的情况下快速消除设备故障。

(a)

(b)

图 7－4　主变 10kV 套管渗油
（a）套管渗油照片；（b）渗油处理后照片

7.4　并联电容器检修试验典型案例分析

1. 缺陷概况

并联电容器主要用于补偿电力系统感性负荷的无功功率，以提高功率因数，改善电压质量，降低线路损耗。电网负荷时刻发生变化，并联电容器需频繁投入和切除，断路器开断并联电容器的过程中，不可避免发生操作过电压，可能会损坏并联电容器，影响电网的正常运行。这类情况由于其具有突发性，因此对其消缺响应时间要求较高。

2. 缺陷处理经过

地区监控来电，××××年××月××日 13 时 24 分××变电站 35kV 1 号电容器不平衡动作跳闸。运检人员在了解到相关情况后，初步考虑到现场电容器有一相的熔丝可能熔断，于是查阅了熔丝型号，并找到相应的备品，准备好试验仪器，带好工器具后，前往该变电站。到达变电站后，运检人员首先检查了电容器本体相关情况，发现为C相第2个电容器的熔丝发生断裂（外置式），于是向调度及班组管理人员反馈了相关检查情况。地调于是下发正令，要求将35kV 1号电容器由热备用改为电容器检修。在执行完操作汇报流程后，地调许可了35kV 1号电容器熔丝更换的工作。于是运检工（监护人）沈某交代另一名运检工（操作人）方某填写工作票，而自己则负责布置现场的安全措施。在相关准备工作都已完成的情况下，由方某担任工作负责人，沈某与吴某担任工作班成员，进行相关检修工作。方某根据工作内容，详细交代了工作流程，在确保安全的前提下，认真开展相关检修试验工作。在更换好熔丝后，运检人员对每相电容器的绝缘进行了测试，分别是A相为145GΩ，B相为151GΩ，C相为157GΩ，都符合要求。并单独对C−2电容器的电容进行了测试，发现实测值为17.6μF，与铭牌值为17.58μF接近，可以投运。于是工作负责人指派运检人员收拾好现场，准备结束工作票。

在结束工作票后，运检工向地调汇报了可投运的结论，于是地调发令将该电容器改为热备用状态，××××年××月××日 16 时 45 分，操作结束。本次消缺仅用了 3h 20min。

具有丰富运维经验的沈某在操作过程中担任监护人，充分发挥其监护职责，对方某在停送电倒闸操作过程中的行为进行监督，并及时指正不规范行为。具有丰富检修经验的工作负责人沈某在执行检修工作过程中严格按照检修流程进行熔丝更换工作，由于其对检修工作过程中的危险点较为熟悉，能够认真监督工作班成员在工作过程中是否能够正确执行相关工作流程，并对检修结果作出可否投运的判断。在经过前期的运维与检修技能培训后，相关人员已具备担任第二岗位资质的条件。为在实际工作中不断提升其第二岗位技能水平，班组充分调动相关人员，合力安排相关运维检修工作，使班员两两结成对，动态调整岗位职责，并形成互帮互助的氛围。

3. 本案例运检合一前后优点总结

（1）运检人员多种角色变换：由传统的单一工种向多工种转换，节约人力资源。

（2）提升消缺响应时间：所有工作由同一组人员完成，由班组长在班组内部之间进行协调，缩短了协调时间，消缺效率得到提升。

7.5 干式电抗器检修试验典型案例分析

串联电抗器与并联电容器补偿装置或交流滤波装置回路中的电容器串联，其作用主要有以下几点：① 降低涌流倍数和频率；② 吸收谐波，降低谐波电压值，减少畸变，提高电能质量；③ 限制谐波电流流入电容器组，保护电容器组；④ 内部短路时，减少短路电流；外部短路时，减少对短路电流的助增作用；⑤ 减少放电电流值；⑥ 电容器组的投切过程中，降低操作过电压。

电抗器一般分为油浸式和干式两种，与油浸式相比，干式电抗器利用空气进行自然冷却，在负荷较高时，由于散热不及时容易发生过热烧毁、短路跳闸等情况。一旦跳闸，与之相连的电容器将从电网中切去，此时若无功补偿不足，将影响整个电网的电压质量。

××××年××月××日 16 时 45 分，监控来电，××变电站 10kV 1 号电容器跳闸，运检人员到现场检查后发现，电容器组本体内电抗器 BC 相有短路烧毁的痕迹，现场有明显的焦味。在确认事故发生的原因后，运检人员立即与调度联系，申请将该电容器改为检修状态。在挂设好接地线后，运检人员对该电抗器进行了进一步检查，发现 BC 相搭接头处因短路烧蚀严重。确定了故障原因后，运检人员也对班组管理的缺陷报表进行了查询，发现该电抗器在夏季普遍运行温度过高，最高达到 95℃（见图 7－5），且同批次同厂家的 2、3 号电容器电抗器都有发热的情况发生，属于家族性问题。于是在反馈上级部门后，在短时间内对这三台电抗器都进行了更换。

××××年××月××日，班组对××变电站 10kV 3 号电容器进行例行检修工作，在将该电容器改为检修状态后，运检工胡某分配了相关检修工作任务，在检修过程中，胡某发现该电容器电抗器有开裂的痕迹（见图 7－6），于是立即向工区部门进行了汇报，在经过协调后，对电抗器进行了更换。

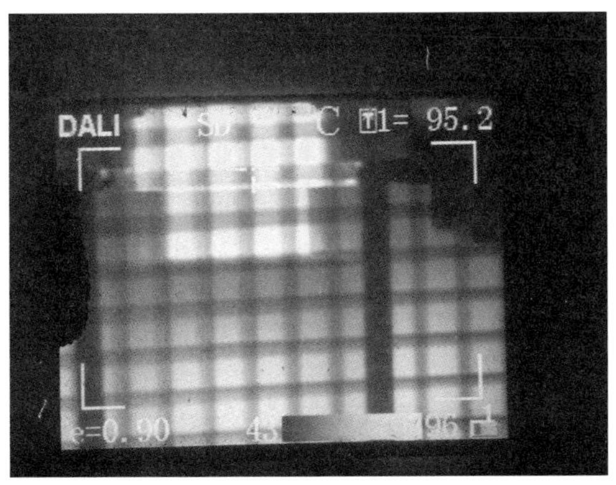

图 7－5　故障电抗器红外测温

图 7－6　更换前的电抗器

7.6　GIS 组合电器检修试验典型案例分析

GIS 设备结构紧凑，可靠性高，安全性好，配置灵活，因而在公司得到广泛应用。相对于常规设备，GIS 设备的故障率只有其 30%左右。由于 SF_6 气体的泄漏、外部水分的渗入、导电杂质的存在、绝缘子老化等因素影响，都可能导致 GIS 内部闪络故障。由于其为密封性结构，因此一旦发生故障，故障定位及检修比常规设备困难很多。且 GIS 的检修工作繁杂，事故检修后平均停电时间比常规设备长，停电范围大，经常会涉及非故障设备。

××××年 2 月 10 日 10 时 13 分，运检人员在对公司所属××110kV 变电站进行例行巡视时发现，该站 110kV GIS 室内有异常振动声音，在确定室内 SF_6 气体无泄漏的情况下，运检人员进入室内，进一步确认声音的来源。在通过检查后发现，110kVⅡ段母线筒体振动声较大，且最大处位于 110kVⅡ段母线进线母线隔离开关筒体附近。由于 GIS

设备运行时，基本无声音，相比之下，该变电站的振动较明显，于是运检工将该情况向班组及工区进行了汇报。

该 110kV 变电站采用内桥结构，GIS 室布置于 2 楼，同时 GIS 设备相关二次部分紧邻一次设备布置，二次接线通过槽钢进行封闭。当振动发生时，正值过年期间，站内负荷较低，考虑到可能是负荷低所引起的共振，所以相关部门准备对该变电站供电方式进行调整，将原先的进线 2 主供调整为进线 1 主供。在调整好运行方式后，振动声依然存在。于是，班组安排运检工对该 GIS 的各筒体进行了带电检测，主要检测项目包括：红外测温、特高频局部放电检测、超声波检测、气体成分分析。各项检测结果均表明无异常，且并无明显的放电声，于是初步判断可能筒体内无异常，待负荷逐步增加后继续观察。

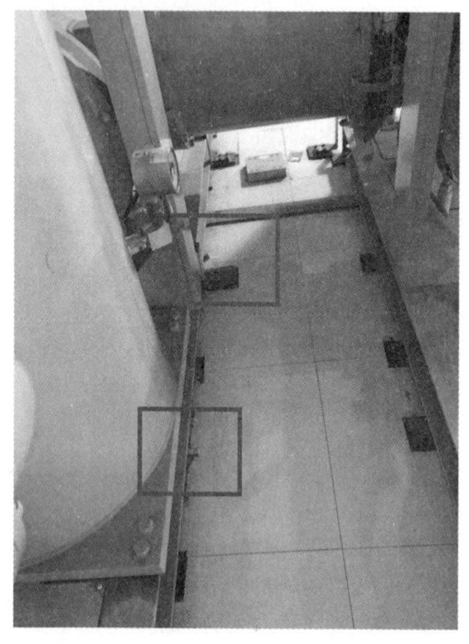
图 7－7　槽钢基础紧固后的声音消失

2 月 15 日，该站负荷逐步恢复正常状态，但是声响仍在。经过多部门协商后，一致认为若将筒体进行打开检修则工作量太大，且不一定能找到问题的原因。于是先咨询了生产厂家相关情况是否也有发生，在生产厂家的建议下，运检工对现场二次设备的槽钢进行了检查，检查发现在 110kV 进线 2 间隔的二次槽钢靠近一次设备的地方有间隙，该处由于紧固螺栓之间距离比较大，在长期运行过程中由于地面稍许沉降，因而产生了振动。于是安排相关人员对该槽钢进行了紧固处理，紧固后，声音消失，如图 7－7 所示。

该起异常由于设备处于密封状态，考虑到最极端情况，即筒体内有放电，为防止故障进一步扩大，班组立即安排了运检工对 110kVⅡ段母线间隔所有筒体进行了带电检测。通过相关检测结果，判断设备内部无放电后，怀疑该起振动是由于其他原因造成。随即通过变换一次设备运行方式，调整负荷等手段判别该起振动是否由其他原因造成，最终发现均无明显改变。在多种判别方法下均得不到声音的来源，考虑到设备解体检修的复杂性，因而通过咨询相关生产厂家，最终找出声音是由槽钢松动引起。这次异常对运检人员的运行经验及带电检测技术水平进行了考验，在紧急情况下，充分发挥运检工一岗多能的技术水平，利用多种手段排除异常，从而保障设备正常运行。在“运检合一”的背景下，运行与检修两个专业通过运检工逐渐融合，相关异常处理的流程将变得更加灵活简单。

7.7　大型工程“设备主人”监管跟踪

随着时间的推移，许多老旧变电站设备面临改造，大型技改、检修工作由于工程量大、点多面广的特点，成为监管的一大难点。公司在运检合一的背景下，深入调研设备

主人现场工作的现状，通过组建设备主人实施团队、编制设备主人现场工作实施管控方案、完善设备主人过程管控、创新设备主人管控方式，形成了一套针对大型工程的设备主人现场工作的标准化模式，在实际的设备主人现场工作中取得良好的效果。由于设备主人同时具有运维及检修技能，因此其在工程期间对整个工程可以精准把控，形成相关监管经验，在今后的设备主人现场工作中值得推广应用。

主要做法：以 220kV××变电站 3 号主变压器大修工程为范例，主要介绍设备主人现场工作的标准化模式。

1. 工程踏勘

在工程开工前，设备主人应提前到变电站进行工程踏勘，对设备情况进行梳理，对于有问题的设备，进行重点关注；同时对操作和检修过程中可能遇到的注意事项进行记录，针对危险点制订有效的隔离、警示、个人防护等措施，并根据踏勘结果填写《设备主人工程踏勘报告》。

2. 现场监控方案编制

在工程检修施工方案确定后，设备主人应根据检修施工方案，编制《设备主人现场监管方案》，明确工程期间设备主人的组织机构、人员分工、管控措施及流程步骤等，使得设备主人现场工作条理清楚、有理有据，全面推进省公司设备主人管理模式的落地，提升检修作业安全、质量、效率。

3. 关键点见证清单及工程状态交接卡编制

在工程开工前，设备主人应与各工作负责人进行沟通，明确各检修工作的需求，掌握检修工作中的危险点，并与各工作负责人一起确定检修过程中的关键点及见证形式，编制《设备主人关键点见证清单》，使得设备主人在整个检修过程中思路清晰、抓住重点，确保检修工程圆满完成。

4. 现场管控

现场施工期间，设备主人应在每日开工前，检查现场安全措施、核实施工人员资质，并向现场工作负责人交代设备运行方式、危险点及注意事项；同时依据《关键点见证清单》，与工作负责人共同确认当日工作的主要内容及关键点，并让其在关键点见证前通知现场设备主人。施工期间，设备主人应根据《设备主人现场监管方案》中的《现场安全监管卡》，持卡对现场施工安全进行逐项核对和监管，对于有违章行为的，应立即制止，经纠正后方可工作；对于屡教不改的，应责令其停工，并将现场情况上报有关部门。在施工期间，需要见证关键点的，设备主人应根据《设备主人见证清单》及《设备主人现场管控方案》的《关键工艺见证卡》与工作负责共同见证，并注意收集见证资料（如试验报告、图纸、现场照片等），严格把关检修施工质量。同时，设备主人应注意收集统计设备铭牌、说明书、操作手册、图纸、搪瓷牌、标签等设备信息，便于后期运维资料的修改。每日收工后，设备主人应再次检查现场安全措施，并与工作负责人确认明日的工作计划。在当日工作结束并整理相关资料后，设备主人应填写《工作日报》，说明当天的工作内容、新增问题、遗留问题及明日工作计划，并将其送给生产指挥中心。

5. 工程验收及终结

检修工作完成，设备主人应根据《设备主人现场监管方案》中的《设备验收表》，与工作负责人一起持表逐项验收，严格把关验收质量。同时设备主人应根据工作票状态交接卡，与工作负责人共同确认设备状态，并检查检修现场是否清洁、有无遗留物等。

6. 工程总结

工程结束后，设备主人应整理相关资料，形成设备主人管控资料库，做到痕迹化管理。同时，设备主人应对整个工程进行后顾，对于好的做法及亮点继续发扬，对于薄弱环节进行改正，持续不断的推进设备主人工作，使其更加规范化、标准化，并形成《设备主人总结报告》。

“运检合一”下，运检工担任设备主人，监管跟踪工作的优势：

（1）保障现场安全，确保工作的规范性，提升设备运行本质安全水平；

（2）精准把控工程工期、及时掌握工程进度；

（3）实时掌握突发情况，对检修过程中遇到的问题可以及时跟踪反馈，提升部门之间协调的效率。

7.8 带电检测专项培训

带电检测是指设备在运行状态下，采用检测仪器对其状态量进行的现场检测。主要对变电设备运行过程中存在的问题及时发现和解决，保证变电设备正常运转。由于专业划分，设备例行巡视过程中的红外测温、铁芯接地电流检测、开关柜暂态低电压及超声波局部放电检测一般可由运维人员负责，而复杂的红外专业测温、高频及特高频局部放电检测、避雷器泄漏电流检测、SF_6气体成分等检测项目由高压试验人员负责，由于其对检测的原理，检测的方法，试验仪器的应用等较为熟知，且在前期通过大量工作，在设备异常判断方面积累了丰富的经验。

班组在实行“运检合一”后，利用现有人力资源，积极开展带电检测例行试验工作，首先对员工进行带电检测技能培训，使其掌握检测的原理、设备的使用方法、数据的分析方法、检测报告的填写等知识。在员工基本掌握相关作业流程后，通过现场实际工作，利用老带新方式，让员工逐步熟悉带电检测工作，使得员工的检测水平不断提升。

案例：2019 年 10 月，在对某 220kV 变电站进行专业红外测温时，运检工陈某利用红外测温仪发现，2 号主变压器 110kV 套管与 220kV 套管有一相或两相都有不同程度的发热情况，于是将红外测温照片都进行了保存，如图 7－8 和图 7－9 所示。

随后运检人员对该测温结果进行了分析：110kV 套管，其环境参照体为 20℃，正常相 A 为 24.0℃，发热相 B 为 30.3℃，发热相 C 为 31.5℃，相对温差 B 为 61.2%，相对温差 C 为 65.2%。220kV 套管，环境参照体 20℃，发热相 A 为 34.1℃，发热相 B 为 30.1℃，

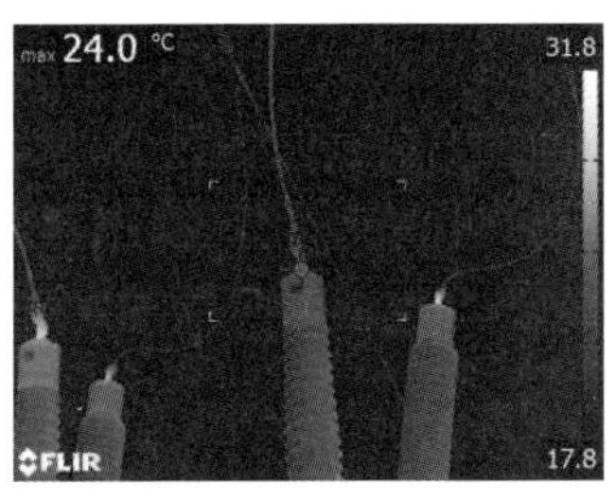

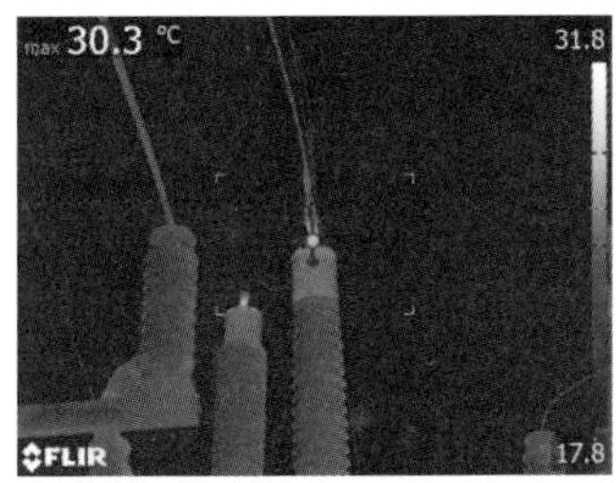

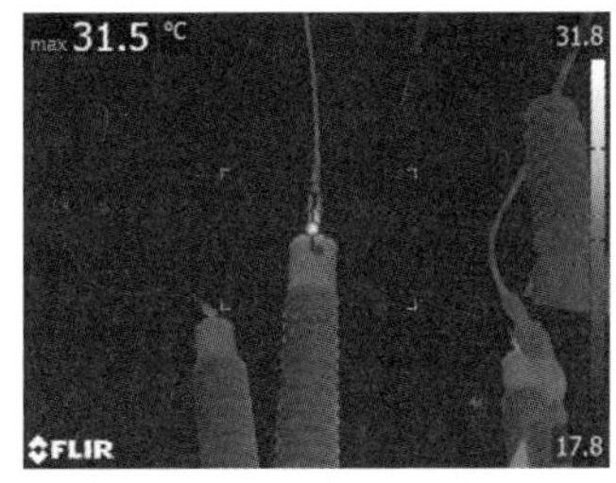

图 7-8　2 号主变压器 110kV 套管 A、B、C 三相测温照片

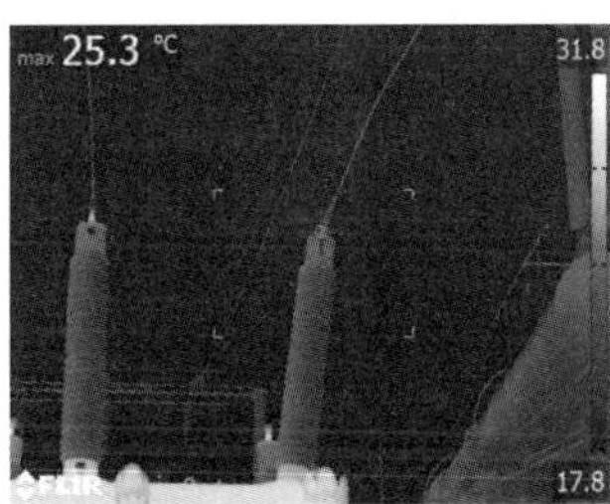

图 7-9　2 号主变压器 220kV 套管 A、B、C 三相测温照片

正常相 C 为 25.3℃，相对温差 A 为 62.4%，相对温差 B 为 47.5%。考虑到发热情况和符合之间的关系，且套管最大相对温差为 65.2%，未达到 80%，因而定位一般缺陷，在后期巡视过程中加以跟踪，结合相关停电工作予以处理。

7.9　班组建设管理经验

班组由传统的运维班组或检修班组转变为运检班后，班组建设也在不断改进，相应的工作理应及时调整。通过融合运维与检修典型管理经验，充分发挥班组“运检”特点，打造一个高质量的运检班组，班组建设工作主要体现在以下几点。

1. 加强岗位之间的培训

传统的班组主要负责运维、检修或试验单一岗位职责，在实现“运检合一”后，班组员工理应由原来的运行值班员或检修试验人员转变为运检工，实现一岗多能。为此，需制订详细的培训计划，对员工进行第二岗位的培训。班组在培训工作所作的调整如下：

管理人员带头开展“运检合一”相关工作，引导年轻员工开展“第二岗位”锻炼。班组管理人员将率先带头开展“运检合一”相关实际工作，通过带头开展“运检合一”实际工作，让年轻同志对“运检合一”相关工作形成初步认识。然后再安排这些年轻的同志跟班参与“第二岗位”的实际工作，使其逐步对第二岗位产生相应的认识，并试着参与第二岗位相关实际工作，从而亲身去体验“运检合一”相关工作的开展。

加强员工第二岗位培训。培训采取全员参加、集中授课、实操等方式，分层次、递进式地开展。由资深内训师统筹安排相关培训计划，充分利用青工技能夜校，发挥员工技能与特长，开展“达人说”，让每位员工都能将其经验与大家共享。同时形成相关考核机制，在每项技能培训结束后，进行技能测试。对测试通过人员给予相应的岗位资质。利用企业内部、外部各类资源，将运检合一的理念灌输到员工的思想中，能够有效提升员工素质。

2. 积极鼓励年轻员工开展“第二岗位”取证工作。

班组“运检合一”的重点工作还是注重在“运检合一”人员的培养上。班组将重点放在职工“第二岗位”鉴定证书的取证工作上。对于运行人员，班组将结合个人兴趣、工作需要为员工制订相应的取证培训方向（检修试验），而对于检修人员，则制订其运维取证的计划。争取在最短时间内取得相应岗位鉴定资格证书。同时结合日常实际工作，让这些同志跟班参与相应的运维与检修试验工作，以达到以练代培的目的，使班组员工在取证的过程中也能实实在在的开展相应的工作，达到理论联系实际的效果，快速提升第二岗位工作能力。

3. 建立激励机制

没有适当的竞争就没有发展。运检合一的管理模式更适应这一客观规律。班组通过建立绩效管理系统，并开展优秀员工评比，提升员工工作的积极性。将员工相关岗位取证情况、多岗位的工作情况都纳入绩效考核参考范围，在班组内部形成比学赶超的氛围。同时在班组工作中实行动态的岗位互换制度，让每位员工都参加相关运维与检修试验工作，这样也会倒逼员工对第二岗位的学习。同时对员工进行每月一评，将其工作情况与绩效奖金挂钩，并根据相关考评结果安置员工工作岗位，实行动态的岗位管理。

4. 加强运检合一项目管理，实行项目承包制

在大型工程时，班组指定相关工程负责人，实行一个工程由一队人员（2～3 人）承包，以提升职工综合业务水平。在工程期间，这队人员始终负责现场相关运维及检修试验工作，包括工程前期的运行准备，工程期间的协调，关键节点见证，工程结束时的验收及投产送电。这队人员不仅起到了设备主人监管的作用，同时负责整个工程从停电到送电的班组负责的所有工作，有效提升班组的承载力。

班组建设应紧跟公司发展趋势，适时调整相关工作。在“运检合一”大背景下，班组积极转变，带动员工开展“运检合一”工作，最终打造一个全员运检的班组。

第 8 章

变电站检修与试验“运检合一”未来发展

在对设计可研、生产验收、日常巡视、检修试验等阐述设备管理全过程详细论述的基础上，本章以编者所在单位为例，结合开展“运检合一”工作的相关经验，分析变电站检修试验“三步走”的发展趋势，探讨初期可能面临的问题及其主要对策，明确了“设备主人制”如何实施以及设备主人如何履职。

8.1　变电站检修与试验“运检合一”发展分析

按照“运检合一”的实施要求，整合运维、检修业务和资源，按地理区域划分成立两个变电运检部门。“运检合一”的发展方向大致可归纳为“三步走”。

第一步：“一分为二”，重点以稳为主。

第二步：“专业融合”和“全电压等级设备主人统一”，重点以队伍技能提升、110kV检修业务下放为主。

第三步：形成“变电运检中心＋县公司＋检修中心的成熟生产架构”和“扁平化、智能化、设备主人化、全科和专科协同化”的智能运检生产指挥体系，形成高效的基于“运检合一”的智能运检生产指挥管控体系，具体如表 8－1 所示。

表 8－1　　基于“运检合一”的智能运检生产指挥管控体系明细表

阶段	任务目标	关键点
第一步（拆分）	部门层面“运检合一” 个人层面“一岗双能”做准备 110kV 站检修下放县公司准备	合理拆分
第一步（过渡期）		春检、秋检安全生产 专业融合、人才培养
第二步（发展期）	个人层面（35 岁以下）“一岗双能”一定比例 全科培养，成立运检班，具备运维一体深化实施和部分停电消缺业务能力，做强运检设备主人 专科培养，成立“大一次”“大二次”班组 110kV 站检修试点下放县公司 成立电建公司电建检修中心	个人技能融合培养，决定推进程度 结合成立运检班组，优化操作站点设置 复合型管理人才培养 专业员工的合理调配 安全生产

续表

阶段	任务目标	关键点
第三步 （深化期）	个人层面（40 岁以下）“一岗双能”一定比例 全科培养，深化运检班建设，具备 C 检、简单消缺、第一波应急抢修能力，做强运检设备主人管理能力 专科培养，“大一次”“大二次”班组承担 A/B 级、疑难缺陷、第二拨应急抢修任务 试点县公司具备 110kV 站 A/B/C 级检修能力 其余县公司 110kV 站检修下放 构建变电运检部门、县公司运检＋检修中心的生产组织体系	个人技能融合培养，决定推进程度 运检班组定位、界面 复合型管理人才培养 全科、专科定位清晰 安全生产
展望	形成相对“扁平化”的管理组织模式，建立“全科＋专科”班组，强化设备主人制，构建高效的基于“运检合一”的智能运检生产指挥管控体系	

新的“变电运检”专业以强化沟通生产信息、优化管理设备运行环境和设备状态的全过程管控等方面为安全生产的重要抓手，同时积极应用智能运检技术作为支撑，促进生产进入智能化时代。同时，大胆创新管理模式，以提升人力资源、设备资产等综合效益，使设备本质更加安全、组织管理更加高效，进一步提升人员综合技能和效率，形成良性反馈。

按照有序推进、稳步实施的原则，主要按照三个阶段推进变电“运检合一”建设。

8.1.1 第一阶段目标与重点工作

1. 实施目标

（1）部门层面按地理区域分两个变电运检中心实现组织层面“运检合一”。

（2）个人层面培养“一岗双能”技能人才（运维＋继保自动化、运维＋一次、运维＋试验、一次＋二次、一次＋高试等），为第二阶段运检班组、大一次、大二次班组建设做准备；推进设备主人制，生产指挥直接指挥设备主人。

（3）做好 110kV 变电站检修下放试点准备。

此阶段重点完成部门层面“运检合一”相应的组织架构调整，并通过“春检”“秋检”检验磨合，确保安全生产和质量效率效益。

2. 重点工作

（1）统一思想认识。实施广泛的思想动员，使得各级领导干部和基层员工充分认识到推进变电“运检合一”的必要性和重要性、领会工作的主要目标和推进方式。

（2）合理划分两大部门。按地理区域进行划分，在班组、人员调整上主要以整班制进行调整，减少第一阶段班组人员变动。划分后检修集团效应减弱，如高压试验等专业需一拆为二，需建立机制确保大型综合检修的推进，同时建立安全保障体系，保障安全生产稳定。

（3）完善规章制度。检修、运维管理业务在运检中心实现统一管理，相较原有单纯的检修或运维业务在管理制度上会带来较大变化，在实施机构调整阶段要同时完成相应保障制度的编制审批。

（4）建立配套的激励考核机制。研究制订运维岗、检修岗、运维检修岗等不同岗位

在运检中心内部的岗位薪金、绩效考核、人才发展通道等激励考核机制，合理设置“正、反激励”机制，鼓励“一岗双能”的复合型人才队伍建设。公司层面，可考虑设立“运检合一”阶段性专项奖，奖励有重要贡献的班组和人员。

（5）深化指挥中心建设。实行固定+轮岗模式。建立适应“运检合一”后设备状态管控的新机制，保障“要管的管得住、要控的控的牢”。初步构建“1+1+*N*”体系，建立“生产指挥中心、智能运检管控平台、*N*个智能运检新技术应用”为一体的智能运检指挥体系。

（6）推进变电站综合检修。按照既定年度检修计划，扎实做好变电站综合检修、设备改造、基建配合等工作，保障年度工作任务有序推进。根据调整后的运检中心运检承载能力，进一步细化完善与电建公司电建年度检修业务划分。

（7）加强业务管理。运检中心在承接调整后的运维、检修业务后，要对承载力进行评估，制订年度的人员、项目的清单，由运检部统一组织审核，并建立安全和质量保障体系。

（8）推进设备主人制建设。变电运检中心同时承担设备检修主人、运维主人双重职责，在规章制度和配套激励考核机制中，进一步明确设备主人职责，鼓励设备主人参与更多的设备状态管理和检修、基建、技改工程质量管理。

（9）推进复合型人才培养。按照“运检合一”的推进方向，着重培养“一岗双能”人才，并重点培养“运维+继保自动化”岗位人才，同时利用大型综合检修、基建等机会开展交叉培训、学习，为下阶段推进个人层面“运检合一”做准备。

（10）智能运检体系建设应用。运检中心在推进过程中，加快推进机器人、工业视频、智能运检管控平台、一键顺控等智能化管控手段实用化，推进运维检修效率效益。

8.1.2　第二阶段目标与重点工作

1. 实施目标

（1）推进个人层面“一岗双能”和专业融合，具备条件人员占一定比例（35 岁以下的 30%）。

（2）成立运检班，定位“全科医生”，承担部分停电检修业务；成立“大一次”“大二次”班组，定位“专科医生”。

（3）推进班组整合和运维班组优化布点。

（4）试点县公司 110kV 变电站高压侧检修下放。

（5）做强电建公司检修中心。

2. 重点工作

（1）推进人员“一岗双能”和专业融合。运检班组具备“一岗双能”人员将承担停电检修业务，对班组人员进行评估，制定培养计划，通过实践锻炼推进复合人才培养；对新进员工按变电工种培养；建立运检班组检修业务清单及岗位要求；强化新技术应用，逐步推进机器人巡视单轨制。

（2）推进班组整合和运维班组优化布点。随着运检班组集约化管理，优化调整操作站数量和位置，宜设在管辖站点的近似圆圈中心位置，缩短路程；推进大运检班、大一次、大二次班建设。

（3）县域 110kV 变电站“运检合一”。将两个变电运检中心部分员工调配至电建公司进行组班培养，定位为检修队伍，同时做实做强电建公司检修中心（变电运检中心保留部分员工，充实如直流、在线监测、机器人等运检）。

（4）做强电建公司检修中心。为进一步减少两个变电运检中心业务，推进其应急抢修、疑难问题分析处理、A/B 级检修、复杂技改项目实施等核心能力建设，做强做实电建公司检修中心，承担常规 C 级检修、部分 D 级检修等业务，承担县公司 110kV 站检修下放的部分业务。

（5）智能运检体系基本建立。按照“1+1+*N*”体系，基本建立“生产指挥中心、智能运检管控平台、*N* 个智能运检新技术应用”为一体的智能运检指挥体系。

8.1.3 第三阶段目标与重点工作

1. 实施目标

（1）推进个人层面“一岗双能”和专业融合，具备条件人员占一定比例（40 岁以下的 50%）。

（2）运检班承担常规例行检修、消缺业务；“大一次”“大二次”班组承担 A/B 级、疑难缺陷、第二拨应急抢修任务。

（3）试点县公司具备 110kV 变电站全电压等级 A/B/C 级检修能力，推进其余县公司 110kV 变电站检修下放。

（4）构建变电运检中心、县公司、检修中心的成熟生产关系体系。

2. 重点工作

（1）继续推进“一岗双能”和专业融合培养。个人层面“一岗双能”比例进一步提高，培养复合型管理人才。形成运检班组、专业班组相对成熟的业务运作体系。

（2）110kV 变电站下放县公司进一步推进。试点县公司独立承担全部 110kV 站检修业务（借助电建公司等单位力量），实现组织层面、个人层面“运检合一”。同时，推进其他县公司 110kV 站检修下放。

（3）智能运检体系进一步完善。完善建立“1+1+*N*”体系，建立“生产指挥中心、智能运检管控平台、*N*个智能运检新技术应用”为一体的智能运检指挥体系，发挥更大成效。

8.2 “运检合一”初期可能面临的问题

本节针对实施“运检合一”初期可能出现的问题及其解决方案做出了探讨，以谋求生产方式的进步，从而有效适应超前的生产力发展。主要问题可归纳为以下五个方面。

8.2.1　改变原有体系

1. 问题描述

（1）管理层面上，运维、检修专业管理由原先两个部门之间的联系，下沉到两个班组、甚至一个运检班组内部事情，部门管理层对设备、对现场作业的统筹管理压力更大。

（2）个人层面上，一个部门内部产生了运维、检修、运检三个专业，对人员的技能要求更高，过程中会产生“正、反激励”给部分员工利益带来一定影响。

（3）两个专业相互制约上，原先运维、检修分属两个部门，相互越界、或处于规定边缘的事情，会上升至公司运检部、安监部等部门协调，相当于各自“守门员”相对把持比较到位。若分开后，以上情况变成两个班组之间的事情，“守门员”角色可能在某些情况下会内部和谐。

2. 主要对策

（1）建立健全制度。秉承“先立后破、安全第一”的原则，改变原有做事规则前，先立好制度，安全审核后再实施。

（2）加强管理层力量。技术组在原拆分基础上，优化配置管理力量。

8.2.2　信息穿透

1. 问题描述

变电“运检合一”后，成立变电运检中心，改变原先的部分设备信息流，改变原先部分通过运检部或指挥中心的分析决策后实施的流程，相当于部门技术组承担了原先部分运检部专职的协调工作，变相也降低了自上而下信息的穿透性，个别暴露的问题可能无法及时、全面的掌握，可能对当前推行的“穿透分析”要求带来一定影响。根据现行输电运检室经验，对于变电缺陷的掌握深度、广度存在一些影响。

2. 主要对策

（1）运检部专职需逐步改变、适应新的管理模式。按分级管理，不一定设备的任何异常信息需全面掌握、穿透，而只需掌握一些关键信息，通过一段时间磨合，逐步完善、建立信息分级报送、处置规则，把该管的管住、费时费力价值低的下放管理。

（2）以上只是一种预想会存在这种情况，通过将“设备检修、运维主人”全部下放到一个部门，相信部门会管控好设备状态，会非常重视设备、作业的安全和质量。

8.2.3　初期检修力量

1. 问题描述

以编者所在单位为例，对于变电检修室 75 位一线班组职工，试验班（含油化 6 人、2019 年退休 2 人）20 人、二次班 29 人（两个班）、一次班 24 人（两个班）、直流班 2 人；非一线后勤机具班 2 人。

（1）一分为二后，可同时铺开的作业面相对会少，如拆分前做一个220kV站综合检修时，可同时开工部分技改、检修等业务，拆分后可同时铺开的面、点能力会减弱。

（2）一分为二后，对小班组拆分，如直流班（2人）、后勤机具班（仅一个机具仓库）、油化（仅一个试验室）、状态管理中心（负责监控、协调运维）过渡阶段拆分后运转有一定影响。

2. 主要对策

（1）对于铺开作业面能力减弱，相互支持能力减弱。在过渡阶段，在拆分方案确定后，按照既定年度计划，优先保证220kV检修，通过运检部统筹协调、优化调整计划、争取其他检修资源、相互支撑等措施，能解决过渡期总体年度任务的实施推进。过渡期后，随着个人技能提升、新进员工侧重检修专业的补充，再结合人力资源安排下一年度检修业务。

（2）对于小班组拆分。过渡期内，后勤机具班（含机具仓库）、油化（仅试验室）考虑到带设备设施无法短期内拆分，按照各挂靠一个部门方式处理。过渡期后，再逐步在两个部门建立独立的机具班和油化实验室。

8.2.4 人员适岗、取证

1. 问题描述

推行“运检合一”，一线员工担心自身运维专业经过职业体系培训，而重新学习新的检修技能，存在适应性、取证难等担忧；或者从事检修业务，但没有像检修班组员工一样接受正规的检修专业中级工、高级工、技师等序列培训。

2. 主要对策

（1）第一阶段，“运检合一”重点是组织层面，个人层面仅是原有运维一体项目的深化，未涉及“一岗双能”实际作业，不存在人员不适岗等问题。

（2）第二、三阶段，个人层面“运检合一”，重点还是按照稳步推进原则，从运维、检修人员中选择一批年纪轻、学历高（如35周岁以下等）人员，开始培养“一岗双能”，针对性的参加相应中级工、高级工培训，结合实际工程业务、逐步培养这部分人的专业融合技能。对于年龄大、主观意愿不强的人员，还是保留原岗位。

8.2.5 工作环境调整

1. 问题描述

以编者所在单位为例，对于原变电运维室，5个220kV集控站、2个110kV集控站，按地理区域一分为二，存在操作站管辖变电站的相互调整。同时，成立新部门后，随着班组的拆分，办公场所也需进行调整。

2. 主要对策

（1）操作站管辖站点调整策略。通过对多种拆分方案的分析，均不同程度存在站点调整问题，考虑到新设操作站（原变电站改造升级成操作站）涉及装修、监控系统搬迁等内容，耗时较长。过渡期，仅对操作站管辖的站点归属进行调整。

（2）办公场所调整。部门管理层办公设施，保留原位置，具备就地调整条件。后续，为保证班组与部门的独立性，做进一步位置适当调整。

上述几个方面的分析，可以得到重要结论。首先，运维一体为实施“运检合一”积累了经验，同时实施“运检合一”的基础条件相对较好（地域特点、人员综合素质高、先行先试经验）。其次，通过对实施“运检合一”五个方面的“好处”分析，符合提升设备安全管理、效率效益、队伍技能的运检战略要求，也可较好地处理了变电专业不断增加的设备数量和可靠性要求与“二元”设备主人之间的主要矛盾。

通过对以上实施“运检合一”初期可能面临的主要影响的分析，能够采取相应对策，在初期有效解决，在后续能合理解决，对生产业务正常开展、对安全生产不会产生异常。通过以上分析，其可行性强。

8.3 “设备主人制”智能管理模式的应用

设备主人对检修关键点的见证、监管等内容，作为部门管理组对两个班组之间的要求，能更好地推进设备主人制的落地。若要推广“运检合一”工作，就有对现规章制度的存废立破编修需求。

8.3.1 设置岗位

实施“设备主人制”，设置相关岗位，实现每台变电设备，如变压器、断路器、互感器、隔离开关及避雷器等，均能对应直接责任人，实现精准化全过程管理与评价，促进变电检修、试验相关人员与变电设备深度关联，提高设备可靠性。

所谓“设备主人”，就是对所辖设备、设施进行维护与管理的主要责任人，需对责任设备的安全运行、资料台账的完善、设备缺陷（异常）的整改闭环、设备反措执行的跟踪等工作负责，并做好责任设备的运行维护、状态评价及数据对比等工作。

1. 设备主人

以变电设备类别为单位，分担班组的工作任务，由满足一定职称等级且具备相关工作经验的专业人员担任设备主人，按照“设备主人制”的工作要求，负责协助班组长重点开展设备的维护管理工作。

变电设备主人确定以后，所在运维站需编制设备主人清单，由变电运维室统一收集，经上级检修分公司审核后方可生效。除部分特殊情况，如人员调动、岗位调离等，运维站不得更换设备主人。

2. 设备专责

以变电设备类别为单位，分担班组的工作任务，由满足一定职称等级且具备相关工作经验的运维值班长及以上人员担任设备专责，按照“设备主人制”的工作要求，定期开展技术培训及安全教育工作，并负责本班组专责设备的技术管理，以及指导设备主人开展责任设备的维护管理。

变电设备专责可根据具体运行维护情况动态调整，若设备运行维护所设计的专业较为单一，可与设备主人为同一人，如图 8-1 所示。

图 8-1　设备主人与设备专责在现场

8.3.2　建立管理系统

“运检合一”管理系统的建立是实现变电站检修试验一体化管理的重要保障，具备以下功能。

（1）系统应能有效地评估变电设备的运行状态，并优化检修计划。

（2）系统应能全方位的进行安全监测，综合分析变电设备的实时数据，并制订一体化策略。

（3）系统应能验证相关技术的可行性，及时发现变电站检修试验中的安全隐患，并制定针对性的应对方案。

生产管理系统中的工作实施情况，由设备主人执行计划监督。在每个生产周期内，设备主人均需核实、梳理系统内各工作计划，跟踪监督实施进度。若在计划监督过程中出现问题，设备主人需及时对接相关责任人，重新协调相关事宜。

生产管理系统内的电子台账，由设备主人执行档案监督。在每个生产周期内，设备主人均需按照运维检修计划执行情况，监督设备台账档案资料的更新情况。若在档案监督过程中出现问题，设备主人需及时督促相关责任人完成更新或电子化移交管理系统台账。

8.3.3　建立安全生产体系

根据国家电网公司的规定，变电站检修试验“运检合一”安全生产体系应包括安全生产保障与安全生产监督体系两部分。安全生产保障体系应主要负责企业生产工作的正常进行。具体包括电网系统以及设备的基本运行、检修与维护等，另外还包括从事电力生产的生产管理、生产技术、实际操作以及生产辅助人员等的管理。

管理内容可概括为维护管理、反措管理、验收管理和评价管理四个部分。设备主人应检查其责任设备的各类巡视记录、维护记录，并复查执行情况，评价执行结果；设备主人应跟踪其责任设备的反措执行情况，及时监理反措执行台账，在设备管理全过程中

督促反措执行落实；设备主人应收集汇总其责任设备的相关验收资料，复查、评价验收结果，协调解决验收遗留问题；设备主人应建立其责任设备治理档案，开展动态设备评价。

安全生产监督体系应主要负责各级安全生产监督、劳动保护监督检查、分管安全领导与管理人员以及第一责任人等的管理。工作人员应分工负责电网系统与设备的安全运行，保障一线人员的生命安全。除了本岗位原有职责之外，设备主人及设备专责的岗位职责还包括具体设备的管理和安全方面的责任，以安全承诺书等形式明确管理任务和指标要求并形成文件，作为重要考核条件。在设备运行管理过程中，设备主人和设备专责应建立常态的联络机制，充分利用双方优势会诊辅导。

8.3.4　培养专业的运检人才

1. 采用“八学模式”

根据实践经验，“八学模式”能够全面提升人员的素质与能力。“八学模式”包括领导灌学模式、因地自学模式、互帮互学模式、结对带学模式、换岗轮学模式、外派专学模式、取证定学模式、比武竞学模式八个学习模式。

“八学模式”通过利用企业内部、外部各类资源，将“运检合一”的理念灌输到员工的思想中，能够有效地提升员工的素质。

2. 开展安全活动

安全是电力生产工作中的关键要素。因此需要提高员工的安全意识，使其符合岗位的安全要求。应定期开展安全活动并结合“运检合一”管理模式，使员工树立牢固的安全防范意识。安全活动的具体内容包括：回顾总结、目标鞭策、学习宣贯、情境检验、团队讲学、岗位练兵、隐患排查、案例警示、反思求解、标杆引导等内容。应按实际情况，安排每次安全活动开展的主题、时间与方法。通过安全活动的长期开展与总结，使企业提炼出自身的安全文化，实现从他律向自律管理转变。

3. 建立激励机制

没有适当的竞争就没有发展。“运检合一”的管理模式更适应这一客观规律。应实行动态的岗位互换制度，对员工定期进行考核，将员工的工作情况与绩效奖金挂钩，并根据其职能安置工作岗位，实行动态的岗位管理。在班组内建立绩效管理体系并开展优秀员工评比，提升员工工作的积极性。

8.3.5　加强设备管理

为了提升“运检合一”在变电站运营工作中的作用，应加强“运检合一”的设备管理。

（1）在需要修编设备运行专用规程的工作中，设备主人需根据设备具体情况做相关审查。

（2）对于责任设备，设备主人在每个生产周期内应进行一定次数的监督性巡视，保证设备高质量安全运行。

（3）若因设备或人员变动导致相关调整时，设备主人应及时向所在部门汇报，并及时更新信息。

（4）在监督过程中，设备主人应对其发现的问题进行反馈，及时开展消缺工作，形成闭关监督。

变电站检修试验“运检合一”已经取得了一定的成效。要做到真正的“运检合一”，就要破除运维、检修、试验等各专业之间的技术和管理壁垒，打破业务和人员两方面的隔阂；培育一支既懂专业运维、也懂变电检修、更熟悉设备全寿命管理体系的专业化的设备主人队伍，提升运检业务的承载能力，支撑和保障日常运维和检修诊断的有效实施。除此之外，还需要借鉴国内外先进的行业经验，从生产实践当中不断优化，及时调整修正。

参 考 文 献

[1] 张全元. 变电运行现场技术问答，北京：中国电力出版社，2005.

[2] 国家电网公司人力资源部. 国家电网公司生产技能人员职业能力培训专用教材（变电检修），北京：中国电力出版社，2010.

[3] 上海超高压输变电公司. 变电设备检修，北京：中国电力出版社，2008.

[4] 陈化钢. 电力设备预防性试验技术问答，北京：中国水利水电出版社，2007.

[5] 陈天翔. 电气试验，北京：中国电力出版社，2008.

[6] 操敦奎，许维宗，阮国方. 变压器运行维护与故障分析处理，北京：中国电力出版社，2009.

[7] 朱德恒，严璋，谈壳雄，等. 电气设备状态检测与故障诊断技术，北京：中国电力出版社，2009.

[8] 国家电网公司. 国家电网公司十八项电网重大反事故措施，北京：中国电力出版社，2012.

[9] 国家电网公司. 输变电设备检修规范，北京：中国电力出版社，2005.

[10] 凌子恕. 高压互感器技术手册，北京：中国电力出版社，2003.

[11] 万千云，梁惠盈，齐立新，等. 电力系统运行实用技术问答，北京：中国电力出版社，2003.